人工智能前沿理论与技术应用丛书

U0180304

深度学习的高级议题

翟中华　孙玉龙　林宇平　王嘉义　编著

电子工业出版社·

Publishing House of Electronics Industry

北京·BEIJING

内 容 简 介

深度学习是人工智能领域无法避开的课题之一，也是比较强大的方法之一。很多从事算法工作或相关工作的人，或多或少都在应用深度学习方法解决相关领域的问题。

本书针对深度学习知识做进阶性探讨。通过 10 章内容，对卷积网络、新型结构、注意力机制、模型压缩、自监督学习、目标检测中的高级技巧、无监督学习、Transformer 高级篇，以及图神经网络和元学习进行了深入的探讨，最后对深度学习的未来发展进行了展望。

本书适合具备一定深度学习知识的读者或相关从业人员阅读；也可以作为人工智能各方向的辅导类书籍。

图书在版编目（CIP）数据

深度学习的高级议题 / 翟中华等编著. —北京：电子工业出版社，2024.4
（人工智能前沿理论与技术应用丛书）
ISBN 978-7-121-47321-0

Ⅰ. ①深… Ⅱ. ①翟… Ⅲ. ①机器学习 Ⅳ.①TP181

中国国家版本馆 CIP 数据核字（2024）第 039581 号

责任编辑：王　群　　特约编辑：杨亚楠
印　　刷：涿州市般润文化传播有限公司
装　　订：涿州市般润文化传播有限公司
出版发行：电子工业出版社
　　　　　北京市海淀区万寿路 173 信箱　邮编：100036
开　　本：720×1000　1/16　印张：12.25　字数：181 千字　彩插：4
版　　次：2024 年 4 月第 1 版
印　　次：2024 年 12 月第 5 次印刷
定　　价：89.00 元

凡所购买电子工业出版社图书有缺损问题，请向购买书店调换。若书店售缺，请与本社发行部联系，联系及邮购电话：（010）88254888，88258888。

质量投诉请发邮件至 zlts@phei.com.cn，盗版侵权举报请发邮件至 dbqq@phei.com.cn。

本书咨询联系方式：wangq@phei.com.cn，910797032（QQ）。

前 言 ▶ PREFACE

市面上已经有很多关于深度学习的优秀图书了，为什么我们还要撰写这本书呢？我从事深度学习相关工作已经近十个年头，大大小小的项目做了不下几十个。在工作过程中，我发现不少同事遇到问题都是"拿来主义"，喜欢在网上找 SOTA 的开源算法直接使用，但在自己的项目中发现并没有达到 SOTA 的效果。究其原因是，"拿来主义"的人并不了解开源作者的思路和意图，对于网络结构为什么这样设计，以及在自己的项目中该如何修改的问题，是非常茫然的。此外，还有很多这样的情况，有些学生，甚至已经毕业有段时间了，水平却仍停留在基础入门阶段。经过交谈，我发现他们是不知道如何进一步提升自己的水平。本书旨在帮助那些处于进阶阶段的读者快速进阶，使其告别彷徨阶段，找到学习方向。

那么为什么要阅读这本书呢？本书并不是一本入门类书籍，不是"从入门到精通"类的书籍，也不敢承诺读了此书就"精通"深度学习了，因为这世上并没有天下无敌的秘籍。本书面向具备一定的深度学习知识，而且了解 AlexNet、VGG、Inception 等基线网络的读者；本书涵盖了近些年深度学习发展所涉及的方方面面，希望能起到抛砖引玉的作用，也希望能帮助处于迷茫彷徨阶段的读者找到研究方向。

编著者

目 录 ▶ CONTENTS

第 1 章　卷积网络

随着人工智能（AI）及其应用的发展，让机器具备学习能力的技术备受关注，相关技术也在不断发展。目前，机器学习可以通过多种算法来实现，其中神经网络算法是较受欢迎且发展较快的算法之一。神经网络算法能帮助机器"感知"周围的事物，增强了机器"认知"世界的能力。

在诸多神经网络算法中，卷积神经网络（Convolutional Neural Network, CNN，以下简称卷积网络）根据生物的视知觉（Visual Perception）机制构建，其隐含层内的卷积核参数共享和层间连接的稀疏性使卷积网络具有计算量小、自主学习能力强、数据处理质量高等特点。卷积网络因其在语音识别、图像识别、图像分割、自然语言处理等诸多研究领域取得的巨大成功而成为当代最流行的神经网络之一。卷积网络作为一类包含卷积计算且具有深度结构的前馈神经网络（Feedforward Neural Network），逐渐发展成为深度学习（Deep Learning）的代表算法之一。

卷积网络主要通过"卷"和"积"的运算过程来实现对数据的处理，其中"卷"本质上就是对一个函数的翻转，"积"则是对函数的滑动叠加。卷积网络技术在发展过程中又演化出多个分支，不同类型的卷积网络如何进行"卷"和"积"的运算？其主要特征是什么？应用场景又有哪些？本章将通过对几种卷积网络的概念、运算过程、应用场景进行介绍，让读者从更高层面掌握深度学习知识，从而对卷积网络、深度学习有进一步的了解，并且学习到相应的技能和方法。

1.1 转置卷积

1.1.1 概念

转置卷积（Transpose Convolution）又称"解卷积"或"反卷积"（Deconvolution），在深度学习中表示为卷积算法的一个逆向过程，这个过程可以根据卷积核的大小和输出的大小，恢复卷积前的图像尺寸。转置卷积（通过运算）最后恢复的不是图像的原始值，只是形状相同，因此转置卷积不能理解为卷积的逆运算。

1.1.2 运算过程

先看一个卷积操作的例子。

对于一个大小为 4×4 的输入图像 X，大小为 3×3 的卷积核 W：

$$X = \begin{bmatrix} x_0 & x_1 & x_2 & x_3 \\ x_4 & x_5 & x_6 & x_7 \\ x_8 & x_9 & x_{10} & x_{11} \\ x_{12} & x_{13} & x_{14} & x_{15} \end{bmatrix}, \quad W = \begin{bmatrix} w_{0,0} & w_{0,1} & w_{0,2} \\ w_{1,0} & w_{1,1} & w_{1,2} \\ w_{2,0} & w_{2,1} & w_{2,2} \end{bmatrix}$$

现在要计算卷积结果 Y，卷积过程是 W 在 X 上滑动（不妨假设滑动步长为1），并且与对应的局部数据做点乘，然后求和。这个过程可以等价于矩阵乘法实现，实现步骤如下。

第一步：将卷积运算展开为矩阵乘法运算，得到稀疏矩阵（Sparse Matrix）C。

$$C = \begin{bmatrix} w_{0,0} & w_{0,1} & w_{0,2} & 0 & w_{1,0} & w_{1,1} & w_{1,2} & 0 & w_{2,0} & w_{2,1} & w_{2,2} & 0 & 0 & 0 & 0 & 0 \\ 0 & w_{0,0} & w_{0,1} & w_{0,2} & 0 & w_{1,0} & w_{1,1} & w_{1,2} & 0 & w_{2,0} & w_{2,1} & w_{2,2} & 0 & 0 & 0 & 0 \\ 0 & 0 & w_{0,0} & w_{0,1} & w_{0,2} & 0 & w_{1,0} & w_{1,1} & w_{1,2} & 0 & w_{2,0} & w_{2,1} & w_{2,2} & 0 & 0 & 0 \\ 0 & 0 & 0 & w_{0,0} & w_{0,1} & w_{0,2} & 0 & w_{1,0} & w_{1,1} & w_{1,2} & 0 & w_{2,0} & w_{2,1} & w_{2,2} & 0 & 0 \end{bmatrix}$$

每行向量表示在一个位置的卷积操作，0 表示卷积核未覆盖到的区域。

第二步：将输入图像 X 展开为列向量（进行了转置运算）。

$$X = [x_0, x_1, x_2, x_3, x_4, x_5, x_6, x_7, x_8, x_9, x_{10}, x_{11}, x_{12}, x_{13}, x_{14}, x_{15}]^{\mathrm{T}}$$

则卷积操作可以表示为

$$Y=CX$$

第三步：输出向量 Y 为一个 4×1 的列向量，改写为矩阵就是一个 2×2 的矩阵，从而得到卷积结果。

将以上步骤组合起来看，就是普通卷积的运算过程，如图 1-1-1 所示。

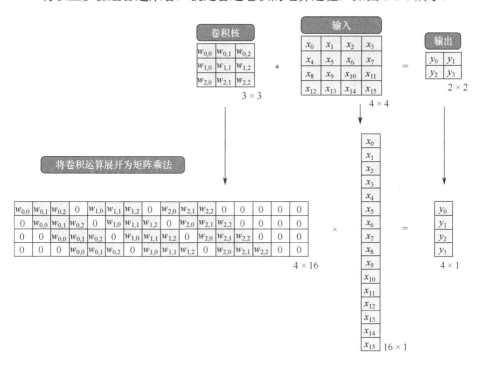

图 1-1-1 普通卷积运算过程

从卷积过程可以看出，卷积操作是一种局部邻域聚合操作，具有一定的"下采样"作用。

顾名思义，转置卷积就在上述步骤中对 C 进行转置操作。通过适当的转置卷积可以将卷积后的结果 Y 还原到卷积之前的形状。将上述例子中的卷积结果 Y 作为输入，做转置卷积操作，如图 1-1-2 所示。

如果 C 不做转置操作，则是普通卷积操作。注意这里还原的只是形状，之所以能还原形状，是因为本例中的卷积步长（Stride）为 1。

3

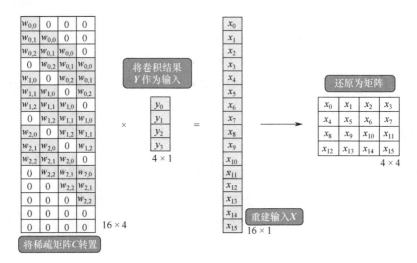

图 1-1-2 转置卷积运算过程

给定大小为 $k×k$ 的卷积核，步长为 s，填充为 p，转置卷积实现步骤如下。

第一步：在输入特征图元素之间插入 $s-1$ 行、$s-1$ 列的 0。

第二步：在输入特征图四周填充 $k-p-1$ 行、$k-p-1$ 列的 0。

第三步：将卷积核参数上下、左右翻转，得到新的卷积核。

第四步：将经过第一步和第二步得到的新特征图与经过第三步得到的新卷积核做普通卷积运算。

转置卷积工作原理如图 1-1-3 所示。

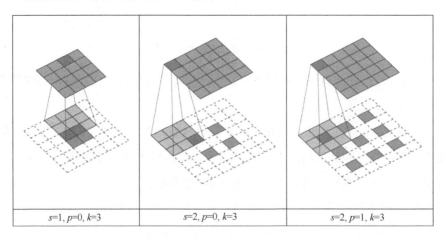

图 1-1-3 转置卷积工作原理

1.1.3 应用场景

应用场景一：自动编码器

美国心理学家鲁梅尔哈特于 1986 年提出自动编码器（Autocoder）的概念并将其用于高维复杂数据处理，促进了神经网络的发展。自动编码器是一种无监督学习算法，它使用了反向传播算法，并且让目标值等于输入值。自动编码器的工作大致可以分为两个过程：第一个过程是压缩；第二个过程是解压缩，如图 1-1-4 所示。因此，一个自动编码器能否成功，取决于它能否学习卷积核中特定于数据的压缩和转置卷积中特定于数据的解压缩。由此可见，转置卷积在这个环节中发挥非常重要的作用。

图 1-1-4 自动编码器工作示意

应用场景二：超分辨率网络

超分辨率就是将图像放大到更高的分辨率。在一般情况下，图像、声音在压缩和放大的过程中会失真、模糊，从而降低图像、声音等数据的质量。但是，超分辨率网络（Super-resolution Network）运用卷积网络技术，在重建高清图像、高质量声音的过程中保证了数据的质量。超分辨率网络重建要比双立方插值（Bicubic）重建和传统压缩重建的效果更好，并且清晰度更高，如图 1-1-5 所示。更为重要的一点是，转置卷积的卷积核是自动学习的，而不是手动设计的。这一优点让超分辨率网络能提升用户使用体验，却不增加人为工作量。这也是转置卷积技术的成功之处。

图 1-1-5 超分辨率网络重建与传统压缩重建和双立方插值重建效果对比

应用场景三：语义分割

语义分割（Semantic Segmentation）的全称为图像语义分割，其可以使计算机根据图像的语义进行分割，即让计算机在输入图 1-1-6 中左侧图像的情况下，能够输出图 1-1-6 中右侧图像。语义在语音识别中指的是语音，在图像领域指的是图像的内容，即对图像意思的理解。分割的意思是从像素的角度分割出图像中的不同对象，对原图中的每个像素都进行标注。语义分割的应用场景较为广泛，如地理信息系统、无人驾驶、医疗影像分析、机器人等领域都应用了语义分割。语义分割的不少算法都用到了转置卷积。

图 1-1-6 图像语义分割效果

此外，在生成对抗网络（Generative Adversarial Network，GAN）中也大量使用了转置卷积，因为生成对抗网络就是要生成一些类似真样本的假样本，以便对鉴别真伪的判别器进行训练，提升非监督式学习的性能，从而减少对监督式学习的依赖。在此过程中会涉及上采样方法，而上采样方法就会运用转置卷积。生成对抗网络基本工作原理如图 1-1-7 所示。

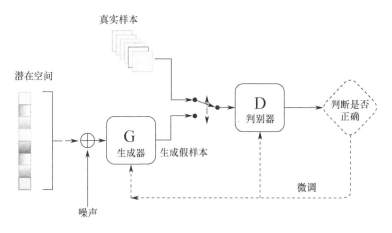

图 1-1-7 生成对抗网络基本工作原理

在传统网络架构中，主要通过应用插值方案或手动创建规则的方式来实现上采样，而神经网络之类的现代（网络）架构则可以让网络本身自动地学习正确的转换，从而尽可能减少人为干预，甚至无须人为干预。深度学习的一大特点就是自主学习，这种理念比传统的学习理念更加先进。

1.2 空洞卷积

1.2.1 概念

空洞卷积（Dilated Convolution）又称为扩张卷积，是指在普通卷积中注入空洞的卷积。这种卷积算法可以增加感受野。空洞卷积的运算过程与普通卷积的运算过程基本相同（卷积的运算过程不再赘述），只是空洞卷积多了一个称为"扩张率"（Dilation Rate）的超参数（Hyper-Parameter）。扩张率可以理解为普通卷积运算中的卷积核间隔数。对于普通卷积运算，其卷积核中的扩张率为1，即像素之间无间隔。

1.2.2 工作原理

图 1-2-1 所示为一个 3×3 卷积核的普通卷积，图 1-2-2 所示为一个 3×3 卷积核的空洞卷积。

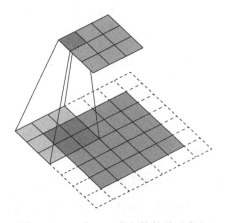

图 1-2-1　一个 3×3 卷积核的普通卷积

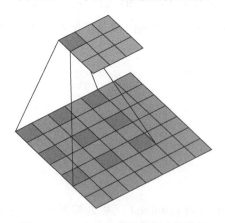

图 1-2-2　一个 3×3 卷积核的空洞卷积

通过对比可以发现，空洞卷积与普通卷积的卷积核一样，但是空洞卷积在卷积的过程中注入了间隔，使得空洞卷积的感受野比普通卷积的大很多。

仅理解空洞卷积的工作原理还不够,空洞卷积算法的创造性设计使它解决了普通卷积所不能解决的问题。下面我们将通过讲解空洞卷积在语义分割中的应用来加深对该卷积的理解。

开发设计人员在不断的实践中发现了普通卷积算法在完成深度神经网络的任务过程中存在以下两个问题。

(1)内部数据结构丢失,以及空间层级化信息丢失的问题。

(2)小物体信息无法重建的问题。

这两个问题使得普通卷积在语义分割问题上一直存在瓶颈,无法再明显提高图像、声音等多维信息的处理精度,而空洞卷积算法的设计很好地解决了上述问题。空洞卷积具备以下几方面的良好特性。

(1)通过处理更高分辨率的输入来检测精细细节。

(2)可以通过更广泛的视角捕获更多上下文信息,对图像来说是空间层面的上下文信息,对语音来说是时间层面的上下文信息。

(3)运行时间短,参数更少。

空洞卷积通过在内核元素之间插入空格来"膨胀"内核。超参数 d(扩张率)表示扩展内核的程度,即在内核元素之间插入 $d-1$ 个空格。不同扩张率的空洞卷积输出效果如图 1-2-3 所示,图中分别给出了当 $d=1, 2, 4$ 时的内核大小及输出效果。

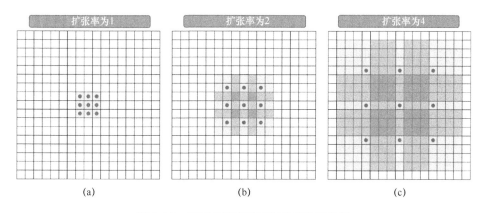

图 1-2-3　不同扩张率的空洞卷积输出效果

虽然图 1-2-3 中的三个空洞卷积都为输出提供了相同的尺寸，但模型观察到的感受野是截然不同的。感受野计算公式为

$$r_n = r_{n-1} + (k-1)\prod_{i=1}^{n-1}s_i \qquad (1\text{-}2\text{-}1)$$

式中，r_n 表示 n 层卷积的感受野；k 表示该层卷积的卷积核大小；s_i 表示 i 层卷积步长。

由式（1-2-1）可以看出，感受野受前面所有层卷积步长累计相乘的影响。对于空洞卷积，相当于卷积核尺寸变大，扩张后卷积核计算公式为

$$k = k + (k-1)(d-1)$$

图 1-2-3 中的初始卷积核为 3，对于不同的扩张率，卷积核与感受野变化如下。

（1）当 d=1 时，卷积核大小为 3×3；作为第 1 层卷积，感受野大小为 3×3，对应图 1-2-3（a）。

（2）当 d=2 时，扩张后卷积核大小为 5×5，图 1-2-3（b）的输入为图 1-2-3（a）的结果，作为第 2 层卷积，r_{n-1}=3，该层感受野大小为 7×7。

（3）当 d=4 时，扩张后卷积核大小为 9×9，对应图 1-2-3（c），输入为图 1-2-3（b），r_{n-1}=7，该层感受野大小为 15×15。

对于普通卷积，步长相同且等于 1，经过 3 层卷积后感受野大小为 7×7。相比之下，空洞卷积需要很少的层数就能将感受野扩大很多，但参数数量基本相同。注意：图 1-2-3 中的 3 个图分别对应 3 层，每层对应不同的扩张率，这是为了与普通卷积进行比较。可以看出，仅经过 3 层，空洞卷积的感受野就大了很多。

1.2.3　应用场景

目前，空洞卷积主要运用在图像语义分割中，解决普通卷积无法解决的问题，如图 1-2-4 所示。空洞卷积是否对其他应用有价值，还需要进一步探索和研究。

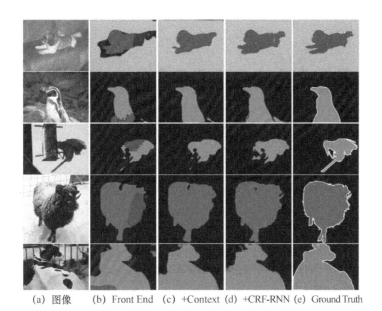

(a) 图像　　(b) Front End　(c) +Context　(d) +CRF-RNN　(e) Ground Truth

图 1-2-4　空洞卷积在图像语义分割中的应用

1.3　深度可分离卷积

1.3.1　概念

深度可分离卷积（Depthwise Separable Convolution）是由深度卷积和逐点卷积两个部分结合起来的普通卷积算法，通过逐个通道的卷积实现多通道的特征映射图（Feature Map）的分离提取。

1.3.2　工作原理

首先，我们来看一下普通二维卷积——单通道的形式，其工作原理如图 1-3-1 所示。

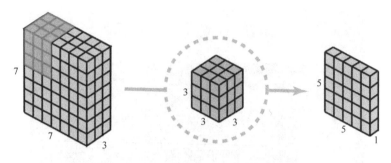

图 1-3-1　普通二维卷积——单通道工作原理

通过图 1-3-1 可知，输入一幅像素为 7×7 且有 3 个通道的彩色图像（形状为 7×7×3），假设只输出 1 个通道，对应像素为 3×3 且有 3 个通道的卷积核（形状为 3×3×3）。通过卷积运算得到一个形状为 5×5×1（像素为 5×5 且有 1 个通道）的特征映射图。

接下来，我们看一下普通二维卷积——多通道的情况，其工作原理如图 1-3-2 所示。

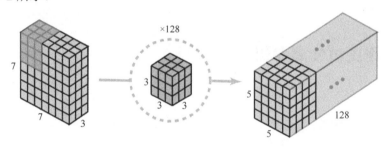

图 1-3-2　普通二维卷积——多通道工作原理

通过图 1-3-2 可知，输入一幅像素为 7×7 且有 3 个通道的彩色图像（形状为 7×7×3），假设输出 128 个通道，对应像素为 3×3 且有 3 个通道的卷积核（形状为 3×3×3），因为输出为 128 个通道，所以卷积核数还要乘以 128。通过卷积运算得到一个形状为 5×5×128（像素为 5×5 且有 128 个通道）的特征映射图。

深度可分离卷积的具体实现步骤如下。

第一步：深度卷积（Depthwise Convolution）。

如图 1-3-3 所示，输入一幅像素为 12×12 且有 3 个通道的彩色图像（形状为 12×12×3），通过深度卷积的方式进行第一次卷积运算，深度卷积完全是在二维平面内进行的。卷积核的数量与上一层的通道数相同（通道和卷积核一一对应），因此一个 3 通道的图像经过运算后生成了 3 个通道的特征映射图。

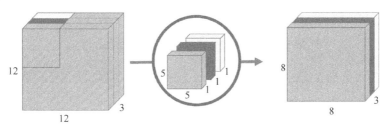

图 1-3-3　深度可分离卷积第一步：深度卷积

第二步：逐点卷积（Pointwise Convolution）。

逐点卷积的运算与普通卷积运算非常相似，它的卷积核尺寸为 1×1×3，其中 3 为上一层的通道数。通过对 3 个通道进行逐点卷积运算，得到一个 8×8×1 的特征映射图，如图 1-3-4 所示。

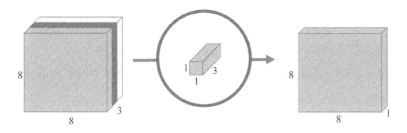

图 1-3-4　深度可分离卷积第二步：逐点卷积

第三步：增加深度。

这一步的卷积运算会将前两步的特征映射图在深度方向上进行加权组合（运算求和），从而生成新的特征映射图，有几个卷积核就生成几个特征映射图。如图 1-3-5 所示，通过深度可分离卷积最终形成了 8×8×256 的特征映射图。

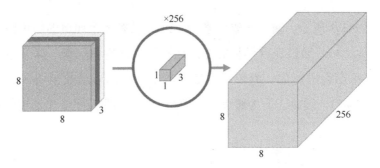

图 1-3-5 深度可分离卷积第三步：增加深度

深度可分离卷积的最大特点是能极大地减少计算量。下面是对普通卷积和深度可分离卷积的计算量进行比较的方法。

普通卷积计算量：$H×W×C×k×3×3$。

深度卷积（深度可分离卷积第一步）计算量：$H×W×C×3×3$。

逐点卷积（深度可分离卷积第二步）计算量：$H×W×C×k$。

深度可分离卷积与普通卷积计算量之比为

$$\frac{深度卷积+逐点卷积}{普通卷积}=\frac{H×W×C×3×3+H×W×C×k}{H×W×C×k×3×3}=\frac{1}{k}+\frac{1}{3×3} \tag{1-3-1}$$

式中，H 为卷积后的高；W 为卷积后的宽；C 为通道数量；k 为输出通道数量，即卷积核数量；3×3 为卷积核像素。

以本节中的例子为例，两种卷积算法的计算量对比如下。

在普通卷积中，有 256 个 5×5×3 的卷积核，因为例子中没有使用 padding 操作，可移动 8×8 次，所以运算次数为 256×3×5×5×8×8 =1228800 次。

在深度卷积过程中，有 3 个 5×5×1 的卷积核，它们移动了 8×8 次，运算次数为 3×5×5×8×8 = 4800 次。在逐点卷积过程中，有 256 个 1×1×3 的卷积核，它们也移动了 8×8 次，运算次数为 256×1×1×3×8×8 =49152 次。将两次运算量加在一起，即 53952 次。

很明显，深度可分离卷积的运算次数远远少于普通卷积的运算次数。因此，利用深度可分离卷积算法可以使网络的运算压力大幅减小，可以在更短的时间内处理更多的内容。

1.3.3　应用场景

深度可分离卷积的应用场景很多，如利用深度可分离卷积设计的 MobileNet V1、MobileNet V2 等轻量级网络。这些轻量级网络极大地减少了计算量，但是其学习容量未减少，所以这种由深度可分离卷积设计出来的网络可用于各种移动端网络应用，如移动端目标检测等。

1.4　三维卷积

1.4.1　概念

三维卷积又称为 3D 卷积，是指从高度（Height，H）、宽度（Width，W）和深度（Depth，D）三个维度进行立体卷积，从而得到立体图像的输出。三维卷积的工作过程如图 1-4-1 所示。

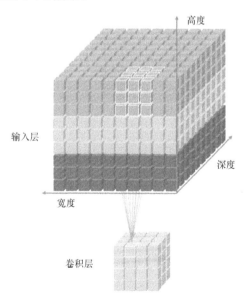

图 1-4-1　三维卷积的工作过程

15

由图 1-4-1 可知，彩色的立方体为输入层，在彩色立方体中间移动的 3×3×3 的立方体为卷积核，该卷积核每移动一个点位，就会输出一个灰色立方体中的 1×1×1 的小立方体。3×3×3 的卷积核围绕着上面立方体的边界进行移动，则可逐渐输出下面 4×4×4 的立方体。

1.4.2 工作原理

三维卷积的工作原理与二维的通道卷积工作原理类似。但是，三维卷积是立体的，因此需要读者发挥一下立体几何的想象力。

三维卷积中的三维是指输入张量的维度是三维，不妨称为长、宽、高（不同于通道卷积，这里三维不包含通道数）。对于二维输入，仅有宽和高，卷积核也是二维的，卷积操作是卷积核先在宽方向上滑动卷积，然后在高方向上滑动卷积。对于三维输入，则是使用三维卷积核先后在宽、高、长三个方向上卷积（方向顺序不影响结果）。

图 1-4-2 所示为二维单通道卷积工作原理。输入是一个 4×4 的图像（通道为 1），卷积核为 3×3（通道为 1），经过卷积运算，得到一个 2×2 的图像。

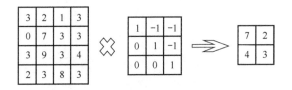

图 1-4-2　二维单通道卷积工作原理

对一个 4×4×4 的立体模型，用 3×3×3 的卷积核进行卷积运算，其三维卷积工作原理（运算过程）如图 1-4-3 和图 1-4-4 所示，即输入为 4 个 4×4 的矩阵，卷积核的长为 3，宽×高为 3×3（这种表示便于直观可视化）。图 1-4-3 所示为在宽和高方向上卷积，即 3 个 3×3 卷积核首先在前 3 个 4×4 矩阵上卷积，图 1-4-4 所示为在长方向上移动卷积。

接下来，我们来了解一下最大池化的概念。首先看一下二维卷积最大池化工作原理，如图 1-4-5 所示。

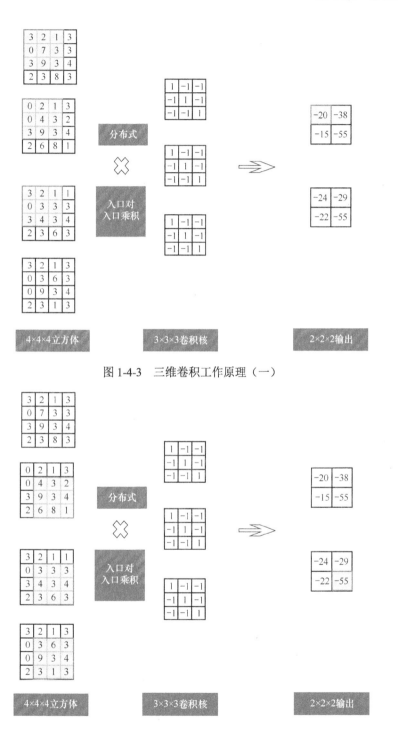

图 1-4-3 三维卷积工作原理（一）

图 1-4-4 三维卷积工作原理（二）

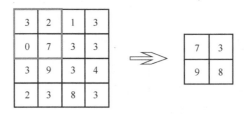

图 1-4-5 二维卷积最大池化工作原理

根据图 1-4-5,最大池化就是在 4×4 的图像上,以 2×2 的卷积核为边界,在框定的区域内寻找像素最大值的过程。

与二维卷积最大池化的过程类似,根据图 1-4-6,三维卷积最大池化就是在 4×4×4 的正方体上,以 3×3×3 的卷积核为边界,在框定的区域内寻找像素最大值的过程。

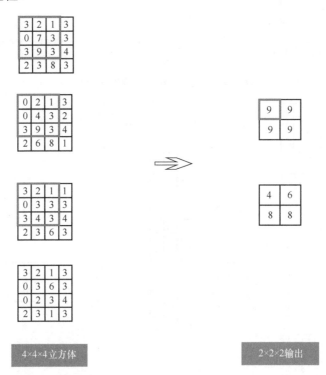

图 1-4-6 三维卷积最大池化工作原理

在了解了三维卷积的工作原理后,可能有读者想问,它与二维通道卷积有什么区别呢?三维卷积与二维通道卷积的区别主要体现在以下两点。

（1）多通道卷积在不同通道上卷积核的参数是不同的；而三维卷积由于卷积核本身是三维的，因此在不同维度上用的是同一个卷积。

（2）三维卷积多了一个维度，这个维度可以是视频中的连续帧，也可以是立体图像中的不同切片。

1.4.3 应用场景

尽管我们平时较少接触三维卷积，但是它有十分重要的应用场景，而且与我们的生活密切相关。例如，三维卷积常用于医学领域的核磁共振成像，如图 1-4-7 所示。此外，它还可以用于手势识别、天气预报等视频处理领域，用于检测动作、人、物体等。

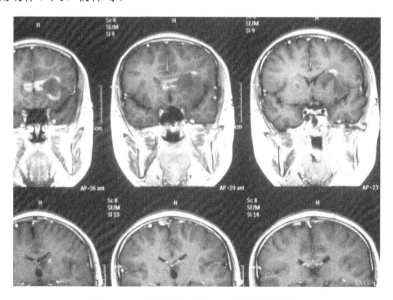

图 1-4-7 三维卷积应用——核磁共振成像

第 2 章　新型结构

2.1　残余连接

残余连接在 ResNet 网络中第一次被提出，后续围绕残余连接又出现了各种新型结构，它们的本质都是残余连接。

我们首先来看残余连接要解决的梯度消失问题，梯度消失示意如图 2-1-1 所示。

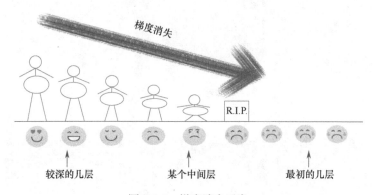

图 2-1-1　梯度消失示意

图 2-1-1 中最左侧是靠近输出的较深的几层，最右侧是靠近输入的最初的几层。从火柴人图像来看，从左到右是逐渐变小的，到最初的几层几乎接近于零，这就是一个梯度消失。

为什么会产生梯度消失呢？我们知道，反向传播从深层传递到初始层要经过层层求导相乘，而对一些导数取值范围小于 1 的激活函数，累计相乘操作会导致梯度消失问题。

在解决梯度消失问题的过程中，残余连接和恒等映射就可以发挥作用。如图 2-1-2 所示，有"（权重）层-Ⅰ"和"（权重）层-Ⅱ"两个层，"（权重）层-Ⅰ"经过 ReLU 激活，"（权重）层-Ⅱ"不激活，然后与恒等映射相加，得到 $F(x)+x$，再经过 ReLU 激活，得到 $H(x)=\text{ReLU}(F(x)+x)$。

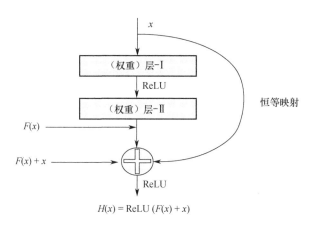

图 2-1-2　残余连接和恒等映射

如果没有恒等映射，则经过层数的增加，必然会产生梯度消失问题。这是为什么呢？下面来看一下残余连接的数学作用。

（1）在堆叠层（恒等映射后的层）学习逼近 $H(x)$ 的过程中，之前层也在逼近残余函数，即 $F(x)=H(x)-x$。

（2）随着继续深入实现大量的层，应该确保不降低准确性，这可以通过恒等映射来处理。

（3）不断学习残差以使预测与实际匹配。

我们再从导数的角度来看一下恒等映射。如图 2-1-3 所示，要学习的 z 等于恒等映射 x 加上层层堆叠学习的结果 $g(y)$，分别求得 z 对 x 和对 y 的偏导数。如果 z 对 y 的偏导数部分梯度消失，而对 x 的偏导数等于 1，则可以确保梯度不会消失。

从上面的分析可以看出，残余连接实际上是高等数学中极限思想的深度应用。

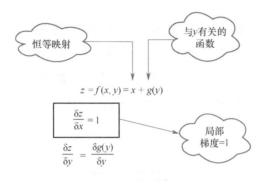

图 2-1-3　恒等映射示意

如图 2-1-4 所示，梯度会通过两个路径：一是梯度路径-1；二是梯度路径-2。如果通过梯度路径-2 的梯度发生了梯度消失，那么恒等映射立刻发挥作用，两者共同保证了残余块的学习效果。

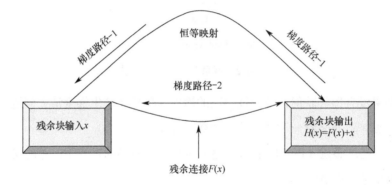

图 2-1-4　避免梯度消失

最后来看一些细节：

（1）残余连接不会引入额外的参数。因此，深度残差网络的计算和普通网络的复杂度几乎相同。

（2）x 和 $F(x)$ 的维度必须相同才能执行加法运算。可以通过以下方式来匹配维度：一是进行零填充以增加尺寸，这不会引入任何额外的参数；二是利用快捷方式来匹配维度，如通过 1×1 卷积，公式为

$$y = F(x, \{W_i\}) + W_s x \qquad (2\text{-}1\text{-}1)$$

式中，F 表示多层卷积操作；W_s 表示 1×1 卷积经过一定步长的缩放操作。

2.2　ResNeXt 原理及架构

ResNeXt 是对 ResNet 网络的改进，在开始学习之前，我们先来看一下如何设计更好的网络？在常规情况下，有以下四种设计方法。

（1）利用堆叠更多的层来构建更深的网络→VGG。

（2）网络前后相连→ResNet。

（3）扩大宽度→传统神经网络增加神经元数量。

（4）拆分、转换再合并→Inception。

ResNeXt 融合了以上四种方法，因此它是一个精度很高的网络。为了搞清楚 ResNeXt 的原理，我们先从 Inception 开始。

在 GoogleNet 中使用了一个创新结构，这就是 Inception，如图 2-2-1 所示。

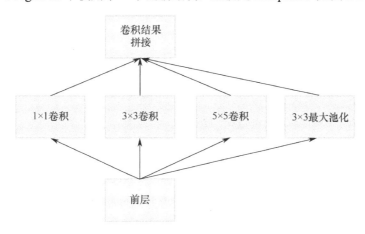

图 2-2-1　Inception 结构示意

这种结构将前层（Previous Layer）网络拆分为若干分支，使用不同的卷积核分别进行卷积，并且包括一个最大池化，然后把各分支的卷积结果进行合并、串接。Inception 结构在实践中被证明是非常有效的，因为它提高了网络学习的容量。

下面从本质上剖析一下 Inception 结构。

首先，我们来回顾简单全连接层，如图 2-2-2 所示。

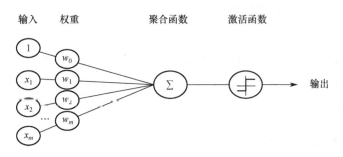

图 2-2-2　简单全连接层

简单全连接层在本质上也是拆分、转换、合并的结构，这个过程可以概括为"m 个 x 输入拆分（Split）、转换（Transform）、合并（Merge）"。下面我们用更形象的简单全连接层数学表示来说明，如图 2-2-3 所示。

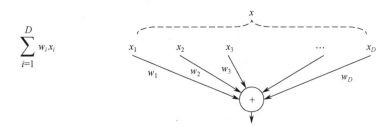

图 2-2-3　简单全连接层数学表示

将样本 X 的一系列特征 x_i 分开来计算，就是将每个特征与对应的权重相乘，然后求和，这就是一个拆分、转换、合并的过程，用数学表示就是神经网络中经常使用的加权求和。

现在再来看 Inception 结构，就非常容易理解了，它本质上就是一个人为调整的拆分、转换、合并结构（Split-Transform-Merge）。

理解了 Inception 结构，再来看 ResNeXt。如图 2-2-4 所示，输入有 256 个通道（256d 输入），先将输入拆分，具体过程是设计 32 个拆分，每个拆分需要 4 个卷积核，共对应 128 个输出通道。拆分之后，每个拆分经过 1×1 卷积输出 256 个通道（转换），再把转换后的结果通过相加的方式合并。最后，还要把之前的输入进行残余连接。这就是 ResNeXt 的创新。

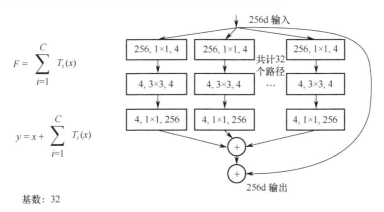

图 2-2-4　ResNeXt

用数学表示 ResNeXt 的话，一是拆分、合并、转换；二是残余连接，基数为 32。

接下来，我们看三种等价的结构，如图 2-2-5 所示。

（1）图 2-2-5（a）所示是第一种结构。该种结构先分裂，即输入为 32 组尺寸为 1×1 且通道为 4 的卷积；然后进行转换，即每组再经过尺寸为 3×3 且通道为 4 的卷积；最后每组分别由尺寸为 1×1 且通道为 256 的卷积进行处理，并且将处理结果合并，即对应位置相加，输出通道变至 256 个。

（2）图 2-2-5（b）所示是第二种结构。该种结构先进行串接（Concatenate），然后进行 1×1 的卷积，使其由 128 个输入通道变至 256 个。与图 2-2-5（a）相比，二者仅有前后顺序的差别，本质上是相同的。

（3）图 2-2-5（c）所示是第三种结构。该种结构有 256 个输入通道，先经由 1×1 的卷积，变至 128 个通道，实现降维后使用可分离卷积对 128 个输入通道进行分组卷积，共 32 组，每组 4 个深度；然后通过 1×1 卷积再把 128 个通道升至 256 个通道，便于相加。

通过对这三种结构的分析，我们对 ResNeXt 的本质有了更清晰的理解，即可以理解为分组深度可分离卷积。

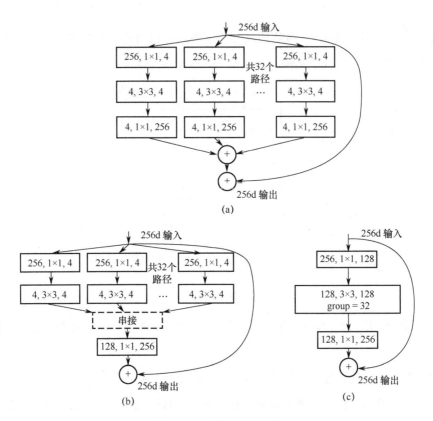

图 2-2-5　三种等价的结构

此外，在同样的拓扑结构下，ResNeXt 比 ResNet 参数更少，表 2-2-1 展示了 ResNet-50 和 ResNeXt-50（32×4d）各层的比较。

表 2-2-1　ResNet-50 和 ResNeXt-50（32×4d）各层的比较

阶段	输出	ResNet-50	ResNeXt-50（32×4d）
conv1	112×112	7×7, 64, 步长为 2	7×7, 64, 步长为 2
conv2	56×56	3×3 最大池化，步长为 2 $\begin{bmatrix} 1\times1, 64 \\ 3\times3, 64 \\ 1\times1, 256 \end{bmatrix} \times 3$	3×3 最大池化，步长为 2 $\begin{bmatrix} 1\times1, 64 \\ 3\times3, 64, C=32 \\ 1\times1, 256 \end{bmatrix} \times 3$
conv3	28×28	$\begin{bmatrix} 1\times1, 128 \\ 3\times3, 128 \\ 1\times1, 512 \end{bmatrix} \times 4$	$\begin{bmatrix} 1\times1, 128 \\ 3\times3, 128, C=32 \\ 1\times1, 512 \end{bmatrix} \times 4$
conv4	14×14	$\begin{bmatrix} 1\times1, 256 \\ 3\times3, 256 \\ 1\times1, 1024 \end{bmatrix} \times 6$	$\begin{bmatrix} 1\times1, 256 \\ 3\times3, 256, C=32 \\ 1\times1, 1024 \end{bmatrix} \times 6$

（续表）

阶段	输出	ResNet-50	ResNeXt-50（32×4d）
conv5	7×7	$\begin{bmatrix} 1\times1,\,512 \\ 3\times3,\,512 \\ 1\times1,\,2048 \end{bmatrix}\times3$	$\begin{bmatrix} 1\times1,\,512 \\ 3\times3,\,512,\,C=32 \\ 1\times1,\,2048 \end{bmatrix}\times3$
conv6	1×1	全局平均池化 1000d fc, Softmax	全局平均池化 1000d fc, Softmax
#参数		25.5×10^6	25.0×10^6
FLOPs		4.1×10^9	4.2×10^9

可见，在同样的层数下，ResNeXt-50 拥有更少的参数。接下来我们看一下它们在实际应用中的效果，如图 2-2-6 所示。

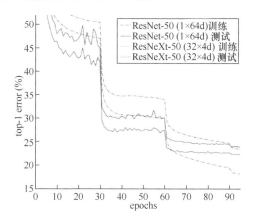

注：彩插页有对应彩色图像。

图 2-2-6　ResNet-50（1×64d）和 ResNeXt-50（32×4d）效果对比

在图 2-2-6 中，可以明显看出，无论是训练还是测试，ResNeXt-50 都比对应的 ResNet-50 收敛速度更快，错误率更低。

综上所述，ResNeXt 的特征如下。

（1）ResNeXt 与 ResNet 一样具有残余连接，但是 ResNeXt 具有很多并行的堆叠层，而不是顺序层。

（2）与 Inception 模块类似，ResNeXt 遵循"拆分—转换—合并"策略，但是 ResNeXt 共享超参数，而 Inception 对每个单独的块都有不同的滤波器。

（3）基数的增加能产生更好的结果，同时不会增加体系结构的复杂性。

2.3 FCN 原理及架构

在深度学习的过程中，我们经常接触到的是在一系列卷积层后，使用全连接层，把特征图转化为向量后分类输出。但是，在全卷积网络中，不再使用全连接网络，也不再把特征图转化为向量，而是仍然保持特征图。

下面先来回顾一下计算机视觉的常见应用。

（1）图像分类：对图像内的对象进行分类（识别对象类）。

（2）目标检测：利用包围对象的边界框对图像内的目标进行分类和检测。这意味着还需要知道每个对象的类别、位置和大小。

（3）语义分割：对图像中每个像素的对象类别进行分类。这意味着每个像素都需要有一个标签。

下面介绍语义分割的基本原理。

如图 2-3-1 所示，其中图 2-3-1（a）是原始图像，每个像素的类别构成了图 2-3-1（b）中的图像，要达到的目标就是对图像进行标注，人的形状和自行车形状的颜色不同，代表它们的语义不同；图 2-3-1（c）是根据算法预测的结果，实际上与真实的预测仍有差别；图 2-3-1（d）是使用语义分割对原始图像的着色进行标注。

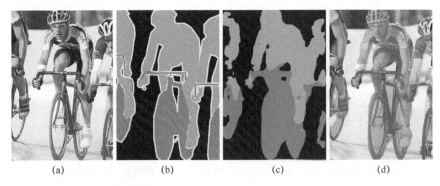

      (a)   (b)   (c)   (d)

注：彩插页有对应彩色图像。

图 2-3-1　语义分割

那么全卷积网络是如何实现语义分割的呢?

我们可以从全连接网络开始,输入图像大小为 227×227,经过卷积变成 55×55,再卷积,变成 27×27、13×13。此时需要对多个 13×13 的特征图进行展开,最后拼接输出,有多少个类别,就有多少个输出,这就是全连接与卷积配合工作的模式,如图 2-3-2 所示。

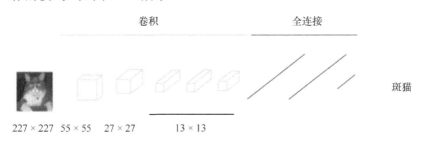

图 2-3-2　全连接与卷积配合工作示意

如果在 13×13 的特征图之后使用 1×1 卷积,就可以对特征图进行降维,达到全连接效果,从而实现图像分类,这是一种去掉全连接,使用全卷积的方式,如图 2-3-3 所示。

图 2-3-3　全卷积工作示意

但是使用 1×1 卷积方式实现的分类并不是我们想要的结果,我们的目标是输出图像,而不是标签概率。

通过全连接网络输出的也是标签概率,对卷积网络提取的特征进行整合,然后得到各类别的概率。但是,如果全卷积网络在最后使用上采样,就可以得到像素级别的输出,如图 2-3-4 所示。

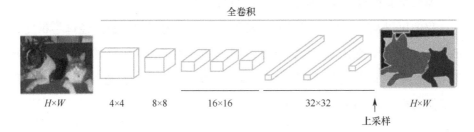

图 2-3-4　通过上采样完成图像构建

对于如图 2-3-5 所示的像素预测，输入图像和输出图像大小是相同的，在进行卷积的过程中，语义特征越来越明显，但是位置信息将丢失一部分。

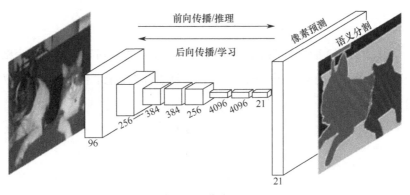

图 2-3-5　像素预测

由此可见，较浅层的网络具有更多的位置信息，较深层的网络具有更好的语义信息。如何将两者结合起来呢？首先需要一个反卷积，也就是之前提到的转置卷积。通过转置卷积可以把一个低像素的特征图提升为一个高像素、高分辨率的特征图，这样特征图就与输入图像具有相同的大小了，然后将其与浅层次特征融合便可达到将两者结合的目的。

如图 2-3-6 所示，在五次卷积池化后，到 conv6-7 层的时候，图像已经下采样为原来的 1/32 倍。这时，如果要得到输入图像的大小，就需要将该层特征图提升 32 倍。

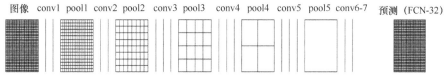

图 2-3-6 特征上采样 32 倍提升

要将较浅层和较深层的网络融合起来，也就是把位置信息和语义信息融合起来，具体做法如图 2-3-7 所示，即对池化层 3、4、5（pool3、pool4、pool5）进行一系列的操作（FCN 通常使用 VGG 作为基线网络）。

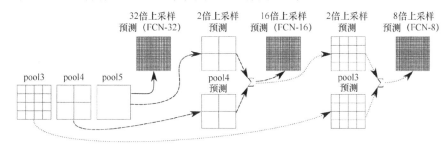

图 2-3-7 较浅层和较深层的信息融合输出示意

如果对池化层 5（pool5）进行 32 倍的上采样，得到 FCN-32，此时效果会比较差，因为前面层的信息没有被融合进来。

如果对池化层 5 只进行 2 倍的上采样，那么结果的大小就与池化层 4（pool4）相同，再将其与池化层 4 相加，然后对相加结果进行 16 倍的上采样，得到结果 FCN-16，效果比直接进行 32 倍上采样好得多。接下来对 FCN-16 进行 2 倍的上采样，然后与更前一层的池化层 3（pool3）继续相加，得到 FCN-8，效果比 FCN-16 更好。

图 2-3-8 所示是采用不同上采样时的融合效果对比，显然，FCN-8 效果最好。

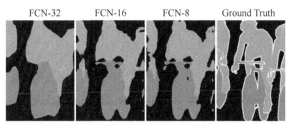

注：彩插页有对应彩色图像。

图 2-3-8 采用不同上采样时的融合效果对比

2.4　U-Net 原理及架构

在 2.3 节中，我们了解了如何使用全卷积网络对语义进行分割，本节中的 U-Net 仍然用来解决语义分割问题。U-Net 结构的基本思想仍然是使用全卷积网络，但是效果比单纯使用全卷积网络更加高效。

图 2-4-1 所示是 U-Net 结构，我们可以非常直观地看到它是一个非常形象的 U 型结构，其本质上可以看作一个编码器、解码器结构。结构的左半部分可以看作编码器在不断地提取特征，结构的右半部分可以看作解码器在进行转置卷积，不断扩大图像，扩大语义尺寸，逐渐重建原始图像分辨率。

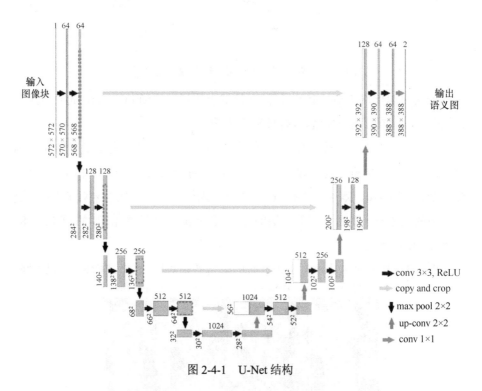

图 2-4-1　U-Net 结构

U-Net 的具体工作过程如下。

输入：卷积→下采样→卷积→下采样→卷积→下采样→卷积→下采样。

输出：上采样→卷积→上采样→卷积→上采样→卷积→上采样→重建语义特征图。

在这里需要强调跳过连接，这是 U-Net 最关键的结构，其在图 2-4-1 中表现为从左至右的三个长箭头。U-Net 利用了 ResNet 残余连接的整体思想，但是它更进一步，利用了浅层的位置信息。与 ResNet 直接相加不同，U-Net 会进行串接，串接的具体过程如图 2-4-2 所示。

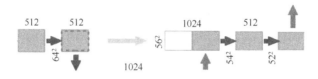

图 2-4-2　串接过程

如果采用直接相加的方式，那么特征图的维度没有变化，但每个维度都包含了更多特征，这对普通的不需要特征图复原到原始分辨率的任务来说，是一个高效的选择；而串接的方式则保留了更多的维度 / 位置信息，这使得后面的层可以在浅层特征与深层特征中自由选择，这对语义分割任务来说更有优势。

语义分割可以在以下场景中得到应用。

1．医学诊断

图 2-4-3 所示是医学诊断应用，对于使用 X 射线拍摄的一张医学影像，可以使用语义分割这一技术对其进行分析。

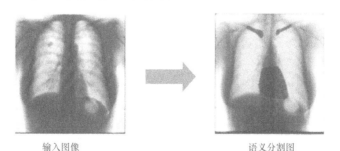

输入图像　　　　　　　　　　　　　语义分割图

注：彩插页有对应彩色图像。

图 2-4-3　医学诊断应用

语义分析可以很好地区分不同区域的类别。例如，区分正常的脏器区域与非正常的肿瘤区域等，进而定位病灶。这是诊断中非常重要的基础，有助于医生进行精准诊断。

2. 自动驾驶

自动驾驶是计算机视觉的一个综合应用，自动驾驶车辆需要在不断变动的环境中进行感知，进而做出决策。由于自动驾驶车辆是在路上行驶的，车辆安全至关重要，因此必须以极高的效率来实现语义分割，从而非常精确地区分道路上复杂的空间信息，如车道标记、交通标志等，这样才可以确定安全的行驶范围。例如，根据对行人的检测来确定是否需要缓慢行驶或制动。

3. 卫星图像分类

在卫星图像分类（见图 2-4-4）方面，语义分割常用于土地覆盖分类。土地覆盖分类在城市规划中有着非常重要的应用。例如，监控森林砍伐，以及城市化区域的防火报警等。为了识别卫星图像上每个像素的土地类型，如城市、农业用地、水域等，可以使用多分类的语义分割来解决卫星图像中的土地覆盖分类，这对生产生活是非常有用的。

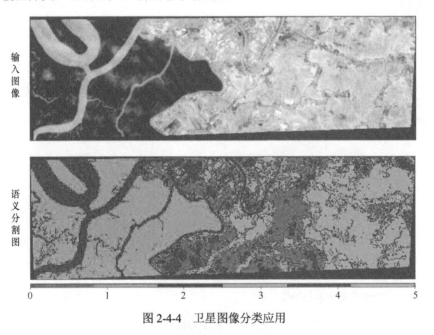

输入图像

语义分割图

图 2-4-4　卫星图像分类应用

4．精准农业

语义分割在精准农业（见图 2-4-5）方面也非常实用。例如，精密耕种机器人可以根据田间杂草的分布来确定喷洒除草剂的剂量，对杂草和作物进行语义分割，对杂草所在的区域喷洒除草剂，可以有效减少人工投入。

图 2-4-5　精准农业应用

目前，语义分割已经有了一些实际应用。例如，TGS（领先的地球科学和数据公司之一）使用地震图像和 3D 渲染图来了解地球表面哪些区域包含大量石油和天然气。有趣的是，含有石油和天然气的地表也含有大量的盐。因此，在地震技术的帮助下，TGS 试图预测地球表面哪些区域包含大量盐。

如图 2-4-6 所示，我们给出一个地震图像样本数据及标签，其中图 2-4-6（a）是一幅地震图像，画面中的黑色曲线划分的区域对应图 2-4-6（b）中的白色部分，表示含有石油和天然气的区域。对于这样的样本，就可以利用语义分割打标签，一旦训练完成，就可以应用于新的地震图像来确定哪一部分地表有较高含量的盐，进而确定它的地层结构中可能含有原油和天然气。

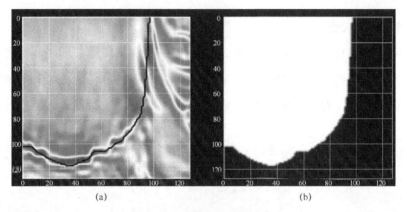

(a)   (b)

图 2-4-6　地震图像样本数据及标签

2.5　FPN 原理及架构

在本节中，我们将介绍一种新型的网络结构——特征金字塔网络（Feature Pyramid Network，FPN）的原理、架构及效果。这种网络结构对于提高用于目标检测的深度神经网络的效果比较有效。

首先从图像金字塔和特征金字塔说起。在计算机视觉中，图像金字塔经常出现，在 shift 匹配中就使用了图像金字塔，使用的原因是要把不同的尺度检测出来，然后在不同尺度上进行检测。在深度神经网络中，通过不同级别的下采样，可以得到不同尺度的特征金字塔，之后进行预测。可见金字塔结构是图像处理中非常经典的一种方法。

图像金字塔和特征金字塔示意如图 2-5-1 所示。

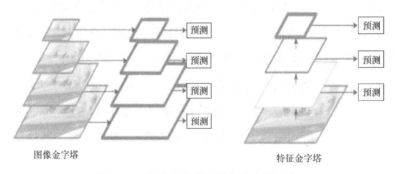

图 2-5-1　图像金字塔和特征金字塔示意

在深度神经网络中，靠近图像的浅层网络的特征的语义信息比较弱，但是位置信息比较强，所以浅层的特征对精确的识别无效，但对精确定位比较有效。反之，深层网络的特征的语义信息比较强，但是位置信息比较弱，所以深层特征对精确的识别比较有效，但对定位比较无效。

这是因为数据在卷积神经网络中有个很明显的现象，即随着不断卷积，语义特征（Semantic Feature）逐渐明显。通过不断卷积，最后可以很好地进行分类，但是分辨率在不断下降，位置信息也会减弱，因此单层网络用于检测的效果是非常不好的。

最明显的是 SSD 目标检测，虽然有六种特征图用来检测，但是其检测效果，尤其是对小物体的检测效果仍然不理想（小物体像素低，下采样次数增加失去了意义），原因是其没有选择浅层特征进行物体检测；更确切地说，是没有把浅层特征和深层特征结合起来一起使用。这种把浅层特征和深层特征结合起来的方法就是本节要介绍的特征金字塔网络。

特征金字塔网络由自下而上和自上而下的路径组成。自下而上是卷积的过程，不断实现下采样；自上而下是不断进行上采样，在不同级别进行上采样，然后把浅层特征与深层特征上采样后的结果相加，就完成了浅层特征和深层特征的融合，从而避免了检测性能差的问题。

FPN 架构如图 2-5-2 所示。在自下而上的路径中，ResNet 是主干网络。输入图像不断经过卷积和 2 倍的下采样，直至形成 32 倍的下采样，这时空间尺寸变为原来的 1/32。在自上而下的路径中，对于 N 倍的下采样，要令其完成上采样，首先需要通过 1×1 的卷积实现通道上的一致，然后与 $N/2$ 倍的下采样特征相加，此时就实现了浅层特征和深层特征的融合。

在图 2-5-2 中，第 4 个卷积层（C4）是 16 倍下采样层，该层先经过 1×1 的卷积改变通道数，得到 32 倍下采样的特征图 M5，再进行 2 倍上采样，变成 16 倍下采样的效果，然后将二者相加得到融合层 M4，最后将 3×3 的卷积应用于融合层 M4，得到输出特征图 P4。以此类推，M4 经过上采样与 C3 层融合得到 M3，输出特征图 P3；M3 上采样与 C2 层融合，得到 M2，输出特征图 P2。注意，如果我们需要 32 倍下采样层的输出，就可以计算 M5 的输出层 P5。

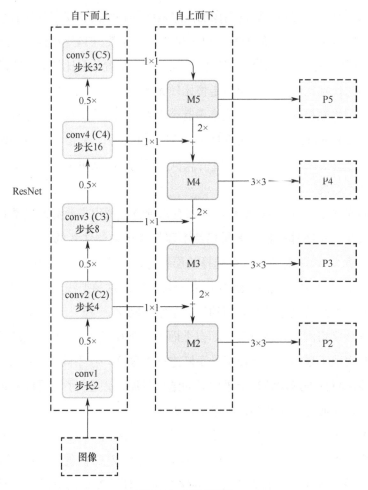

图 2-5-2　FPN 架构

自上而下的本质思想是一种跳过连接，与在 U-Net 中类似，是把浅层特征利用起来。

在 Faster-RCNN 中，带 FPN 的 RPN（Reqion Proposal Network，区域建议网络）本身不是目标检测器，而是与目标检测器一起使用的特征提取器。在传统的 RPN 中，需要使用滑动的窗口进行卷积，从而获得不同尺度的锚框（Anchor Box），然后进行回归和分类。在引入 FPN 后，RPN 架构如图 2-5-3 所示。

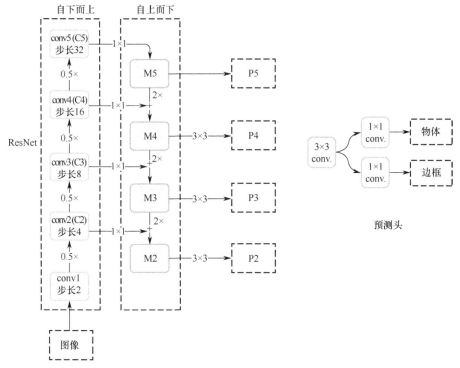

图 2-5-3　引入 FPN 的 RPN 架构

在 FPN 之后，每个级别的特征图都利用 3×3 的卷积分成两个分支，然后分别接一层 1×1 的卷积，其中一个用于预测是不是目标，另一个用于预测目标边框。这就是 Faster-RCNN 中 RPN 的预测头，头部块将会应用于特征图的不同比例级别。

RPN 架构如图 2-5-4 所示。在 RPN 中设置不同尺寸的锚框以辅助预测检测框的位置，加快网络收敛，同时不同尺寸的锚框也可以适应物体的检测。而在 FPN 网络中，由于其不同级的特征图本来就满足不同尺寸物体的检测，因此这里在每一级特征图中只需设置一个锚框，在不同级需要设置不同大小的锚框。

因为 Faster-RCNN 是两阶段目标检测的深度学习方法，所以还有一个检测阶段也需要做出调整。

Faster-RCNN 全局架构如图 2-5-5 所示。可以看出，在经过主干卷积网络之后，得到不同大小的特征图，然后经过 RoI 池化，得到相同大小的特征图，再经过全连接网络，分别进行回归和分类。

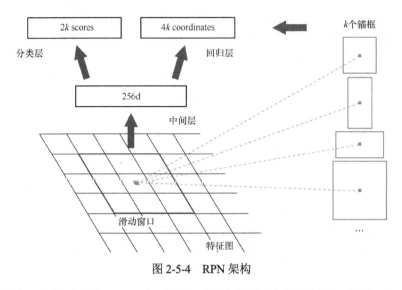

图 2-5-4 RPN 架构

在主干网络中增加 FPN 后，得到一系列不同尺度的特征图，经过 RPN，由 RPN 对特征图进行小块获取，得到不同尺度的区域建议特征图，其全局架构如图 2-5-6 所示。

在 FPN 中，一个尺度级别只有一个尺寸，三个纵横比分别为 $1:1$、$1:2$ 和 $2:1$。因此，在进入 RoI 池化之前，需要进行尺度级别与块大小的匹配。在 Faster-RCNN 中通过 RoI 池化获得同一大小的特征图，而在 FPN 中选择对哪个尺寸的特征图进行 RoI 池化操作，则需要根据 RPN 产生的区域建议进行动态调整，其公式为

$$k = \left[k_0 + \log_2(\sqrt{wh} / 224) \right] \qquad (2\text{-}5\text{-}1)$$

式中，w 和 h 分别为 FPN 输出特征图的宽和高；k_0 默认设置为 4，表示 $P4$ 特征图，通过向下取整计算得到 k 值及对应的 P 值；224 表示建议框尺寸大致为 224×224 时对应的 $P4$ 特征图。这是因为，224 为 ImageNet 的标准图像尺寸，而大多数主干网络都是基于 ImageNet 图像训练得来的，建议框分类是将建议框对应的区域特征图输入分类网络，因此尺寸偏差不大。

当 $w \times h$ 小于 224×224 时，k 的取值为 $2 \sim 3$，对应 $P2$ 和 $P3$ 特征图；当 $w \times h$ 大于 224×224 时，k 的取值为 5，对应 $P5$ 特征图。

最后，由 RoI 池化抽取出的 7×7 特征图后接两个 1024 的全连接层，进行类别的预测和边界框的回归。

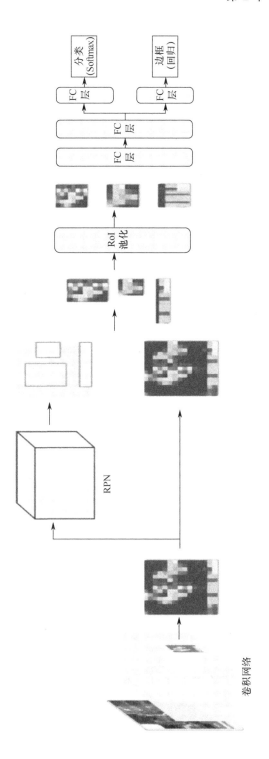

图 2-5-5　Faster-RCNN 全局架构

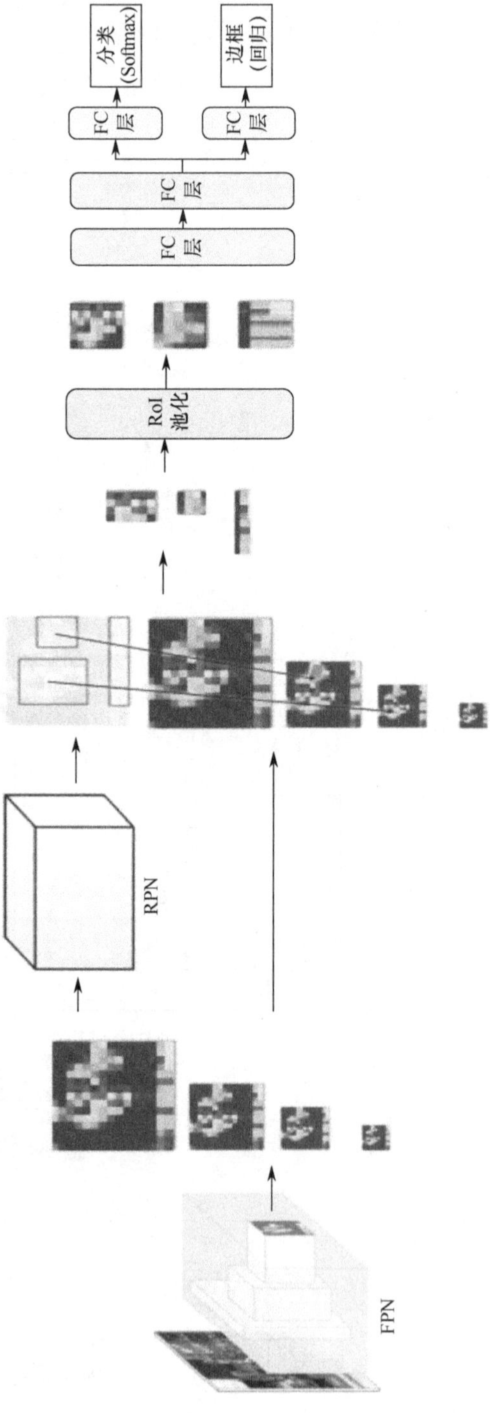

图 2-5-6 带 FPN 的 Faster-RCNN 全局架构

第 3 章　注意力机制

注意力机制是深度学习中非常重要的一个高级议题,在很多深度学习场景中都有应用。

3.1　注意力机制的生物学原理及数学本质

注意力机制模仿了生物观察行为的内部过程,是一种将内部经验和外部感觉对齐,从而增加部分区域的观察精细度的机制。

如图 3-1-1 所示,眼睛最先注意到的必定是前方的茶杯,因为眼睛是经过长时间训练形成内部经验的器官,所以在同时看见四摞纸和一个茶杯的时候,眼睛会首先捕捉到与众不同的茶杯,即会首先关注到生活中最熟悉、最突出的事物,也就是注意力最强。

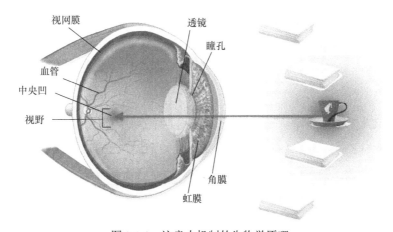

图 3-1-1　注意力机制的生物学原理

注意力也会根据外部环境发生变化。在现实生活中，如果情境对我们突出强调某一摞纸，那么大脑在接收到这一信号后，眼睛的注意力就会由茶杯转移向这摞纸，从而影响视网膜中心的凹窝（中央凹），如图 3-1-2 所示。

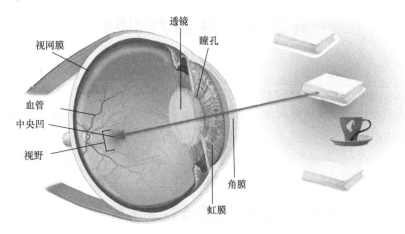

图 3-1-2　注意力根据情境发生改变

在了解了注意力机制在视觉中的表现及内部原理后，我们把目光转向注意力机制的数学本质。注意力机制在本质上是一个加权求和的过程：

$$c = \sum_j \alpha_j h_j \quad \sum \alpha_j = 1 \qquad (3\text{-}1\text{-}1)$$

如果 α 是独热向量，则此操作类似于从一组元素中用索引 α 从集合中检索对应的 h；如果 α 不是独热向量，则可以将注意力操作视为根据概率向量 α 进行"按比例检索"，h_j 就是"值"（Value）。

通常概率向量 α 又称为注意力权重或注意力系数，其计算公式为

$$e_{ij} = \boldsymbol{\alpha}(s_i, h_j) \quad \alpha_{ij} = \frac{\exp(e_{ij})}{\sum_k e_{ik}} \qquad (3\text{-}1\text{-}2)$$

如式（3-1-2）所示，先选择一个"注意力函数"，求得以"查询"（Query）s_i 和"键"（Key）为输入的函数值作为注意力系数。通常使用归一化的系数作为注意力系数，归一化维度在"键"方向上。"键"通常与"值"是相同的变量或是由同一输入得到的，即"值"与"键"存在一定的函数关系。

在神经网络中，h_j 来自编码器隐藏层序列，s_i 来自解码器状态序列。

接下来，通过回归问题来说明注意力机制的数学本质。如图 3-1-3 所示，通过有限点对图中曲线做拟合。

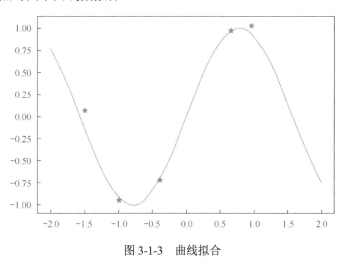

图 3-1-3　曲线拟合

回归问题通常是这样描述的：

● 有数据 $\{x_1, \cdots, x_m\}$ 和标签 $\{y_1, \cdots, y_m\}$。

● 在任意新的位置 x，需要给出新的标签 y。

1. 平均值方法

首先使用最"笨拙"的估计器，即给定任意 x，用 x 附近有限个点的平均值来代替 x 点的 y 值，即

$$y = \frac{1}{m} \sum_{i=1}^{m} y_i \tag{3-1-3}$$

很显然，这种方式比较"笨拙"，但是它提供了一种思路，即根据 x 点附近的其他点的函数取值来估计 x 对应的函数取值。

2. 位置加权方法

该方法是在平均值方法基础上做"依据位置加权"。例如，要求 x 对应的 y 值，则对 x 附近点对应的 y 值做加权求和，即

$$y = \sum_{i=1}^{m} \alpha(x, x_i) y_i \tag{3-1-4}$$

不妨让距离 x 越近的点对应的 y 值权重越大。这是合理的，因为回归拟合通常都是回归的连续函数（狄利克雷函数无法拟合得到）。

可以看出式（3-1-4）就是一种注意力机制。给定定义域上的任意点 x，如果它与附近的点 x_i 比较相似或接近，则两者的注意力系数就比较大，反之则比较小。注意力机制中的"查询"对应着这里的 x，而"键"对应着 x_i，"值"对应着 y_i，因此回归问题本质蕴含着注意力机制。这里 y_i 与 x_i 存在一定函数关系或同一输入，即 $y_i=f(x_i)$。

3. 正态分布方法

该方法是让位置权重取值服从或正比于正态分布。给定 x 点，用它周边点的 y 值加权求和估计其 y 值，权重取值在均值为 x 的正态分布上。对于远离 x 的点，权重趋近 0。位置权重取值公式为

$$K(x,x_i)=\frac{1}{\sigma\sqrt{2\pi}}\exp\left(-\frac{(x-x_i)^2}{2\sigma^2}\right)$$

$$\alpha_i(x)=\frac{k(x,x_i)}{\sum_j k(x,x_j)} \tag{3-1-5}$$

图 3-1-4 所示为位置权重（正态分布权重）方法示意，图中"没有归一化"表示权重仅取式（3-1-5）上半部分，而没有进行归一化。这里的正态分布函数对应注意力函数。注意力函数有多种，在神经网络中常用全连接来学习注意力函数。

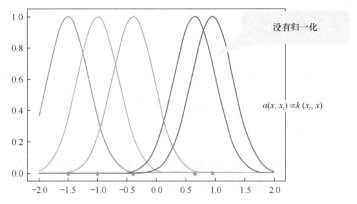

注：彩插页有对应彩色图像。

图 3-1-4　位置权重（正态分布权重）方法示意

现在将权重归一化，即实现式（3-1-5）全部，如图 3-1-5 所示。

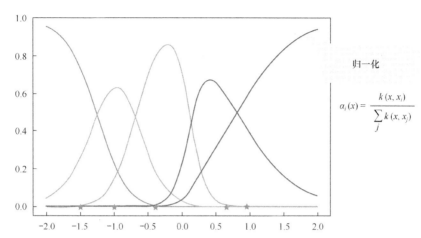

归一化

$$\alpha_i(x) = \frac{k(x, x_i)}{\sum\limits_j k(x, x_j)}$$

注：彩插页有对应彩色图像。

图 3-1-5　归一化后的位置权重（正态分布权重）

最后得到加权的回归估计结果如图 3-1-6 所示，需要用各点来拟合无颜色的曲线，就得到了当前 x 的注意力之和的函数值。这就是从注意力角度来看加权回归。这是一个非常新奇的角度，可以真切地令人体会到注意力机制的数学本质。

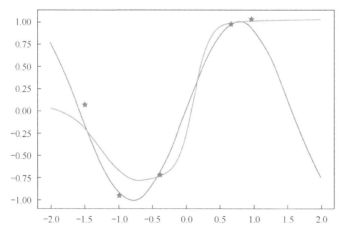

注：彩插页有对应彩色图像。

图 3-1-6　加权的回归估计结果

3.2 应用于 RNN 的注意力机制

本节我们将学习应用于 RNN 的注意力机制的原理和方式。

递归神经网络 RNN 最常见的应用为编码器—解码器结构,如图 3-2-1 所示。设置一个长度为四的输入序列,用 $c_1 \sim c_3$ 表示编码器状态,也就是隐藏层状态,编码器输出单个向量 c;向量 c 输入解码器,解码器同样使用递归神经网络,用 $s_1 \sim s_3$ 表示解码器状态,用 $y_1 \sim y_4$ 表示解码器输出。

解码器方法的潜在问题是神经网络需要能够将源语句的所有必要信息压缩为固定长度的向量。这可能使神经网络难以应对较长的序列,导致在自然语言处理中无法应付长句子,尤其是那些比训练语料库中的句子更长的句子。这个问题的解决方案就是使用具有注意力机制的递归神经网络,即在 RNN 中加入具有注意力机制的模块。

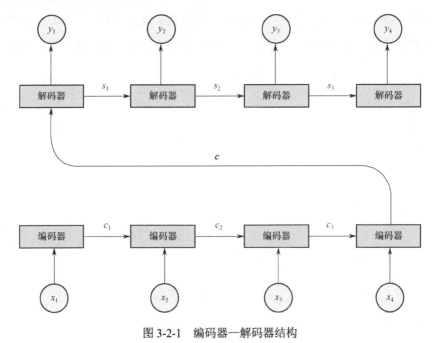

图 3-2-1　编码器—解码器结构

如图 3-2-2 所示，加入注意力机制后的 RNN 有了如下改变。编码器不再使用 c 作为输出，而是使用 h_j，然后使用 s_{i-1} 与编码器的输出 h_j 作为注意力机制的输入；经过注意力机制后，得到输出 c_i，再将 s_{i-1} 与 c_i 输入解码器并输出 y_i。当 $i=1$ 时，经常使用 s_0 作为启动注意力机制模块。c 为注意力机制的输出向量，整个过程是将 s_{i-1} 作为"查询"，将 h_j 作为"键"和"值"。

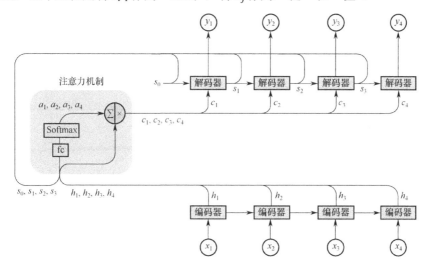

图 3-2-2　具有注意力机制的 RNN

在 RNN 编码器—解码器中，注意力机制输出通过以下三个步骤计算得到。

第一步：选择注意力函数。在神经网络中，通常使用全连接的方式学习注意力函数。式（3-2-1）中有三个等式，其中 fc 表示全连接，这里的注意力函数对应 exp 后的全连接。

$$
\begin{aligned}
c_i &= \sum_{j=1}^{n} \alpha_{ij} h_j \\
\alpha_{ij} &= \frac{\exp(e_{ij})}{\sum_{j=1}^{n} \exp(e_{ij})} \quad \Leftrightarrow \quad \alpha(s_{i-1}, h_j) = \frac{k(s_{i-1}, h_j)}{\sum_{j} k(s_{i-1}, h_j)} \\
e_{ij} &= \mathrm{fc}(s_{i-1}, h_j)
\end{aligned}
\qquad (3\text{-}2\text{-}1)
$$

第二步：将"查询"和"键"输入注意力函数，得到注意力权重；然后遍历"键"，得到该"查询"对应每个"键"的注意力权重；最后将这些权重做归一化，得到归一化后的权重。归一化的意义是按权重比例对"键"对应的"值"加权求和。

第三步：遍历每个"查询"，得到对应的输出。

为了能够让读者更直观地理解注意力机制，下面通过举例把注意力机制展开，如图 3-2-3 所示。

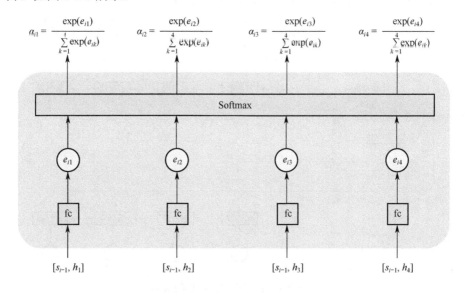

图 3-2-3　注意力机制展开

注意力权重 α_{ij} 反映了 h_j 在确定下一个状态 s_i 并生成 y_i 方面对于前一个隐藏状态 s_{i-1} 的重要性，即对于输出 y_i，较大的 α_{ij} 会使 RNN 专注于输入 x_j（由编码器的输出 h_j 表示）。

与原始的编码器—解码器相比，此方法最重要的改进在于，它不会尝试将整个输入语句编码为单个固定长度的向量。取而代之的是，它将输入的句子编码为一系列矢量，并且在解码翻译时自适应地选择这些矢量的子集，这使得神经翻译模型无需将输入语句的所有信息（无论其长度如何）压缩为固定长度的向量。事实证明，这种方法可以使模型更好地应对长句子。

图 3-2-4 和图 3-2-5 所示为带注意力机制的 RNN 工作过程。图中演示的是 s_0 作为"查询"对"键" h_1、h_2、h_3、h_4 的注意力过程，计算的分别是输出 y_1 和输出 y_2。

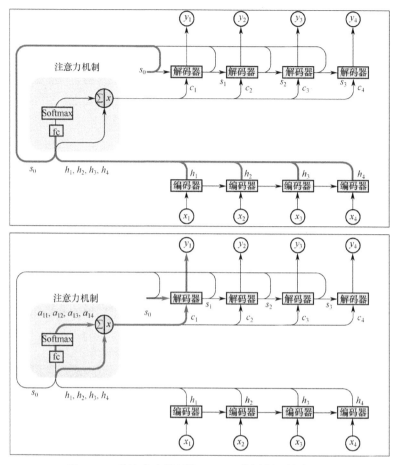

图 3-2-4　带注意力机制的 RNN 工作过程（输出 y_1）

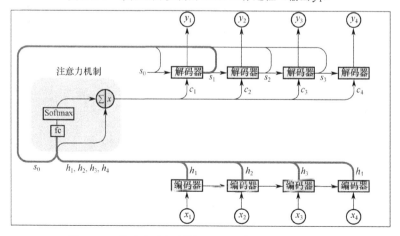

图 3-2-5　带注意力机制的 RNN 工作过程（输出 y_2）

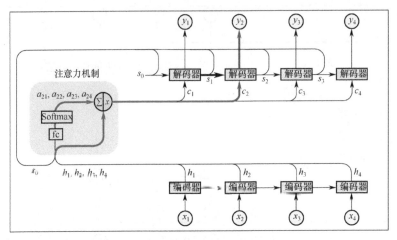

图 3-2-5　带注意力机制的 RNN 工作过程（输出 y_2）（续）

当应用于语言翻译时，注意力机制的表现如图 3-2-6 所示。白色色块代表注意力权重较大，这样便于抓住待翻译语言原文的关键词，进而实现精准翻译。

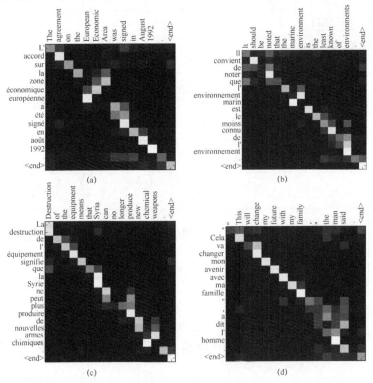

图 3-2-6　语言翻译中的注意力机制表现

3.3　自注意力的数学支撑：像素间的协方差

CNN 中的编码器—解码器结构是计算机视觉中非常重要的一种结构，特别是在像素级预测任务中，如语义分割、生成对抗网络。在编码器—解码器结构中对图像进行卷积，把图像抽象为一个潜在的向量，相当于对图像信息进行了压缩，然后再不断对图像进行反卷积（一般情况下使用转置卷积），将其恢复成与输入图像大小相同的图像。图 3-3-1 所示是一个由卷积和转置卷积组成的编码器—解码器结构，由于其简单性和准确性，这种结构得到了广泛的使用。

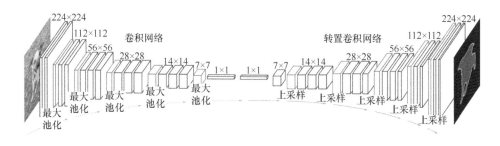

图 3-3-1　CNN 中的编码器—解码器结构

随着对卷积计算研究的深入，编码器—解码器结构的局限性逐步显现出来。因为在卷积情况下，只能利用局部信息，所以会造成一定程度上的偏差，如图 3-3-2 所示。如果使用更大的卷积核或更多的卷积层来解决这一问题，也可以达到目的，但是由于计算太过于烦琐，且改善效果有限，因此引入自注意力机制概念来帮助解决问题。

CNN 的自注意力机制本质上是协方差机制。下面阐述为什么自注意力机制就是协方差机制。

首先回顾一下什么是协方差。方差与协方差是统计与机器学习中非常重要的概念，是为随机变量定义的。方差描述了单个随机变量与其均值的偏差程度，

协方差描述了两个随机变量的相似性，相似性越大，协方差的值就越大，否则反之。协方差公式为

$$\mathrm{Cov}(X,Y) = \frac{1}{N-1}\sum_{i=1}^{N}(X_i - \bar{X})(Y_i - \bar{Y})$$ （3-3-1）

式中，

$$\bar{X} = \frac{1}{N}\sum_{i=1}^{N}X_i \qquad \bar{Y} = \frac{1}{N}\sum_{i=1}^{N}Y_i$$

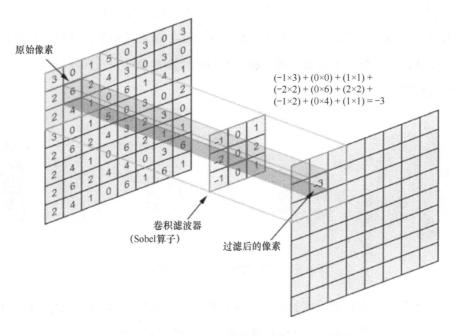

图 3-3-2　CNN 中编码器—解码器结构的局部局限性

接下来介绍 CNN 中的自注意力机制是如何实现的。如图 3-3-3 所示，输入卷积特征图 $B{\times}c{\times}H{\times}W$，表示批次为 B，高为 H，宽为 W，通道数为 c。首先，需要将输入特征图复制为 3 份，分别对应"查询""键""值"的数据源。

实现自注意力机制的操作流程如下：

（1）将特征图"查询""键""值"的数据源分别通过 1×1 的卷积层做线性

变换，得到 3 个 $B \times H \times W \times C$。其中 C 表示卷积后的通道数，与卷积前通道数 c 的数值不一定相同。

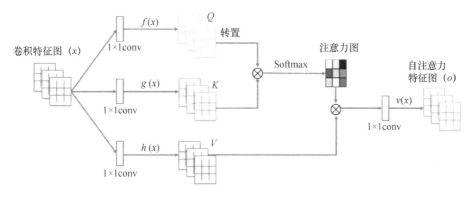

图 3-3-3　CNN 中的自注意力机制

（2）将线性变换后的特征图展平，得到 3 个 $B \times HW \times C$ 的张量，分别用 Q、K、V 表示。

（3）将 Q 做转置操作，形状变为 $B \times C \times HW$。不同训练批次是变化的，因此 B 是变化的。转置后的张量记作 Q^T。

（4）将 K 与 Q^T 做矩阵相乘，得到张量 $B \times HW \times HW$。可以看出每个批次的数据形状为 $HW \times HW$，这就是像素之间的协方差。式（3-3-1）计算后的结果为

$$
\begin{aligned}
\mathrm{Cov}(X,Y) &= \frac{1}{N-1}\sum_{i=1}^{N}(X_i - \bar{X})(Y_i - \bar{Y}) \\
&= \frac{1}{N-1}\left(\sum_{i=1}^{N}X_iY_i - \bar{X}\sum_{i=1}^{N}Y_i - \bar{Y}\sum_{i=1}^{N}X_i + \sum_{i=1}^{N}\bar{X}\bar{Y}\right) \\
&= \frac{1}{N-1}\left(\sum_{i=1}^{N}X_iY_i - N\bar{X}\bar{Y}\right) = \frac{1}{N-1}\sum_{i=1}^{N}X_iY_i - \frac{N}{N-1}\bar{X}\bar{Y}
\end{aligned}
\tag{3-3-2}
$$

从式（3-3-2）可以看出，协方差的关键项为矩阵乘积，多出的常数项称为随机变量均值乘积。

（5）对 KQ^T 结果做 Softmax 操作，得到 $B \times HW \times HW$ 张量。于是，对于每个批次，便得到了像素的自注意力系数，即图 3-3-3 中的"注意力图"。

（6）将"注意力图"与 V 相乘，即张量 $B \times HW \times HW$ 与张量 $B \times HW \times C$ 相

乘，得到张量 $B \times HW \times C$，即像素的自注意力结果。

图 3-3-4 给出卷积神经网络中自注意力机制的一种简化，可见它的本质是像素协方差性质的应用，对应像素"ij"，用它的"协相关性系数"对与之对应的像素做加权求和，得到该像素的自注意力结果。

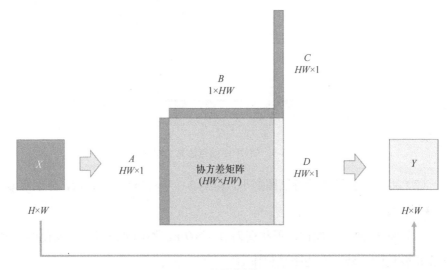

图 3-3-4　简化的自注意力机制

以上便是卷积神经网络中的自注意力机制的实现过程。由于卷积神经网络的自注意力机制在计算机视觉中有着优异的表现，因此 SAGAN 将自注意力机制嵌入 GAN 框架，首次提出卷积神经网络的自注意力机制，通过全局应用而不是局部应用来生成图像。图 3-3-5 所示为 SAGAN 自注意力机制可视化应用举例，共有 2 行 6 列图像，其中每行的第 1 列为原始图像，其上标注 5 个代表性的查询点，用作"查询"；从第 2 列到第 6 列，分别对应 5 个"查询"点的查询结果。

卷积神经网络的自注意力机制不仅在二维卷积中效果很好，在三维卷积中也有较强的表现。传统卷积网络和循环神经网络都是对局部邻域进行操作的，它们对长距离依赖或者全局依赖捕捉能力较差。卷积网络只能通过增加层数来扩大感受野以获取长距离依赖捕捉能力或实现全局依赖捕捉能力。但实际上，全局的信息对图像的任务更有价值，如短视频分类等。

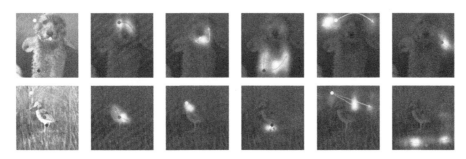

注：彩插页有对应彩色图像。

图 3-3-5　SAGAN 自注意力机制可视化应用举例

目前全局信息使用全连接，但这会带来大量的参数，多层卷积又丢失了空间信息，而自注意力机制能很好地解决这一问题。因此，提出了时空非局部块，即非局部神经网络（Non-local Neural Network），用来处理视频任务的自注意力机制，如图 3-3-6 所示。

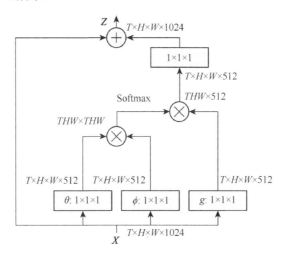

图 3-3-6　时空非局部块

时空非局部块的输入是 $T{\times}H{\times}W{\times}1024$ 的张量，其中 T 表示视频帧数。由此可以看出，三维与二维卷积网络中的自注意力机制的唯一差别，就是维度差异。三维自注意力机制的整个工作过程与二维自注意力机制的工作过程完全相同，这里再不赘述。

图 3-3-7 所示是时空非局部块在视频任务中的效果，图中有 8 组图像，每组 4 帧，是来自同一视频的连续采样。图中箭头起点对应像素 x_i，箭头指向的 x_j 为 x_i 的预测（像素 x_i 的响应由所有像素 x_j 特征的加权平均值计算得出）。

图 3-3-7　时空非局部块在视频任务中的效果

3.4　自注意力机制的直观展示及举例

本节将通过一些直观的例子来展示自注意力机制的实现。首先，简单回顾一下自注意力机制。自注意力机制输入 x，分别经过 3 个线性变换得到 Q（查询）、K（键）、V（值），后续常用 Q 表示"查询"矩阵，K 表示"键"矩阵，V 表示"值"矩阵。然后将 Q^{T} 与 K 做矩阵相乘，得到协方差矩阵，再对协方差做 Softmax，得到每个 Q 行对应的注意力系数，接下来用注意力系数矩阵与

V 对应位置相乘，最后加权求和，就得到自注意力机制的输出。

图 3-4-1 所示为简单的自注意力机制流程。这里的 *M* 相当于通道。

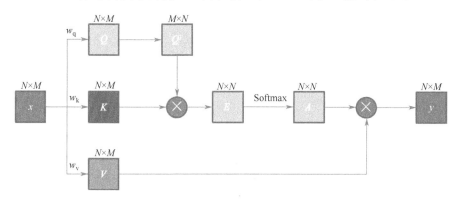

图 3-4-1　简单的自注意力机制流程

下面用简单的代码来实现以上流程，取 *N*=3, *M*=4，代码如下：

```
import torch
x=torch.Tensor([[1,0,1,0],
                [0,2,0,2],
                [1,1,1,1]])
wk=torch.Tensor([[0,0,1,0],
                 [1,1,0,1],
                 [0,1,0,1],
                 [0,1,1,1]])
wq=torch.Tensor([[1,0,1,1],
                 [1,0,0,0],
                 [0,0,1,1],
                 [0,1,1,0]])
wv=torch.Tensor([[0,1,0,1],
                 [0,1,0,1],
                 [1,0,1,1],
                 [1,1,0,1]])
Q=x@wq
K=x@wk
V=x@wv
```

```
E=K@Q.t()
a=torch.Softmax(E,dim=1)
y=a@V
```

简单的自注意力机制模拟结果如图 3-4-2 所示。

```
In  [2]: Q,K,V,E,a,y
Out[2]: (tensor([[1., 0., 2., 2.],
                  [3., 2., 2., 0.],
                  [2., 1., 3., 2.]]),
          tensor([[0., 1., 1., 1.],
                  [2., 4., 2., 4.],
                  [1., 3., 2., 3.]]),
          tensor([[1., 1., 1., 2.],
                  [2., 4., 0., 4.],
                  [2., 3., 1., 4.]]),
          tensor([[ 4.,  4.,  6.],
                  [14., 16., 22.],
                  [11., 12., 17.]]),
          tensor([[1.0651e-01, 1.0651e-01, 7.8699e-01],
                  [3.3452e-04, 2.4718e-03, 9.9719e-01],
                  [2.4561e-03, 6.6764e-03, 9.9087e-01]]),
          tensor([[1.8935, 2.8935, 0.8935, 3.7870],
                  [1.9997, 3.0018, 0.9975, 3.9993],
                  [1.9975, 3.0018, 0.9933, 3.9951]]))
```

图 3-4-2　简单的自注意力机制模拟结果

3.5　Transformer 中的注意力机制

Transformer 是在论文 *Attention is all you need* 中首次被设计出来的，由于其机制功能非常强大，因此随后在 GPT-3、Bert、XLnet 等优秀自然语言处理技术中被普遍应用。

Transformer 通常包含缩放点积注意力机制、多头注意力机制、位置编码三个组成部分，本节介绍前两个部分。

1．缩放点积注意力机制

对于缩放点积注意力机制，如果输入的是相同的数据，就是自注意力机制；如果"查询"和"键"是不同的数据，则称为交叉注意力机制。图 3-5-1 所示为缩放点积注意力机制示意。

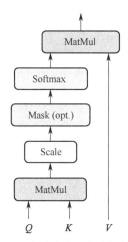

图 3-5-1　缩放点积注意力机制示意

从图 3-5-1 中可以看出，缩放点积注意力机制看似比之前学习的注意力机制多了"Scale"和"Mask"操作过程，实则这两个过程并不是多出的部分。下面将对比本章之前讲过的注意力机制一一说明。

第一步：选择注意力函数。这里的注意力函数为矩阵乘法再除以一个根维度 d_k 的平方根，即

$$e(\boldsymbol{Q}, \boldsymbol{K}) = \frac{\boldsymbol{Q}\boldsymbol{K}}{\sqrt{d_k}}$$
（3-5-1）

式中，d_k 表示 k 的列数。

在 seq2seq 模型中，行表示 seq 的长度，列表示每个向量的宽度。例如，在自然语言模型中，seq 长度 50 表示最长为 50 个字，宽度 128 表示每个输入元素的"嵌入"维度为 128，此时 d_k 就是 128。除以 $\sqrt{d_k}$ 对应图中的"缩放"（Scale）过程，可见"缩放"是注意力函数的一部分。

第二步：对注意力函数的结果进行归一化。

$$\alpha(\boldsymbol{Q}, \boldsymbol{K}) = \text{softmax}(e_{\boldsymbol{QK}}) = \text{softmax}\frac{\boldsymbol{Q}\boldsymbol{K}}{\sqrt{d_k}}$$
（3-5-2）

第三步：加权求和。这里的加权求和是指将上面的注意力系数矩阵乘上

"值" V 得到最终注意力机制输出结果，对应"Mask"过程。

$$\text{attention}(\boldsymbol{Q}, \boldsymbol{K}, \boldsymbol{V}) = \text{softmax}\left(\frac{\boldsymbol{QK}}{\sqrt{d_k}}\right)\boldsymbol{V} \tag{3-5-3}$$

以上三个步骤就是缩放点积注意力机制的实现过程。之所以称为"缩放点积注意力机制"，是因为它的注意力函数包含了点积和除以维度平方根的缩放过程。Transformer 中的 $\boldsymbol{Q}$、$\boldsymbol{K}$、$\boldsymbol{V}$ 为来源相同的输入，因此为自注意力机制。

那么 Transformer 在自然语言处理中应用的优势是什么呢？自注意力层可以一次检查同一句子中所有单词的注意力，这使其成为简单的矩阵计算，并且能够在计算单元上进行并行计算。此外，自注意力层还可以使用多头架构来扩大视野。

如图 3-5-2 所示，输入句子 "LSC is the best!"，每个单词对应一个 x，经过"嵌入"层编码后的结果通过线性变换，得到每个单词对应的"查询""键"和"值"，即 q、k、v，合在一起就是 $\boldsymbol{Q}$、$\boldsymbol{K}$、$\boldsymbol{V}$。由图 3-5-2 右侧可知，q、k、v 是通过不同权重的线性变换得到的。

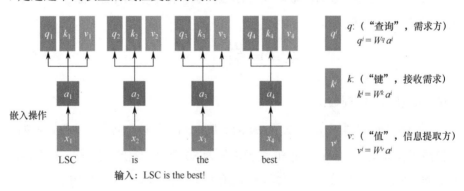

图 3-5-2　句子输入 Transformer

有了 q、k、v，就需要计算注意力系数（通过注意力函数计算）。图 3-5-3 所示为注意力系数计算方式。

图 3-5-3 中右侧部分是没有归一化的系数，即通过注意力函数计算的系数，可见 $\alpha_{1,1}$ 对应 q_1 与 k_1 相乘，$\alpha_{1,2}$ 对应 q_1 与 k_2 相乘，以此类推。

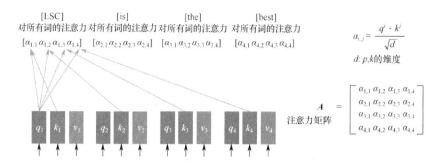

图 3-5-3　注意力系数计算方式

然后再对注意力系数进行归一化处理，就得到注意力权重，这里使用的是 Softmax 层，如图 3-5-4 所示。注意力系数上标 "–" 表示归一化。

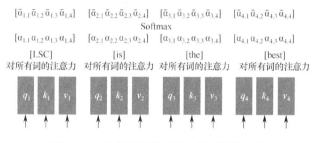

图 3-5-4　注意力权重（归一化）计算方式

有了注意力权重后，再对每个 v 加权求和，输出的 b^1 为对应位置 "$(1,1)$、$(1,2)$、$(1,3)$、$(1,4)$" 归一化后的系数与 v^1、v^2、v^3、v^4 的加权求和，以此类推。自注意力机制计算方式如图 3-5-5 所示。

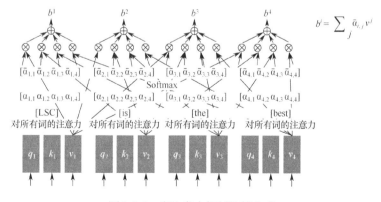

图 3-5-5　自注意力机制计算方式

2. 多头注意力机制

多头注意力机制是在注意力机制的基础上构建的。其构建过程比较简单，即同时使用多个自注意力机制，然后将结果拼接在一起，这样就形成了多头注意力机制，如图 3-5-6 所示。

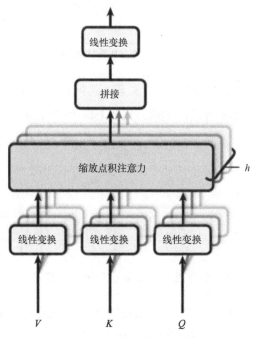

图 3-5-6 多头注意力机制

下面介绍为什么要使用多头注意力机制。实际上，多头注意力的目的类似在卷积神经网络中使用多通道卷积。卷积通道是为了能够捕捉更多的特征，而使用多头注意力机制自然是为了获取多种不同的注意效果。

图 3-5-7 所示为双头注意力的可视化演示。从图中可以看到，如果查询词是"it"，则第一个"头"的注意力更侧重于"the animal"；第二个"头"的注意力更侧重于"tired"。因此，最终"it"的上下文表示将集中于"the animal"和"tired"，"it"既可指代"the animal"，也可以是"tired"的主语。因此，与传统方式相比，"多头"注意力机制具有更好的表达能力。

接下来为了加深理解，举例说明多头注意力机制的实现方式。图 3-5-8 展示的是双头注意力在句子中的表现。

图 3-5-7　双头注意力的可视化演示

从图 3-5-8 中可以看出，在 Transformer 中的多头注意力机制其实就是多个自注意力机制结构的并行结合，每个"头"学习到在不同表示空间中的特征，在"双头"的情况中，两个"头"学习到的"注意力"侧重点略有不同，这样就给了模型更大的容量。

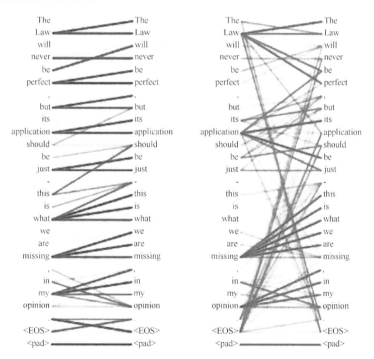

图 3-5-8　双头注意力在句子中的表现

3.6 挤压激励网络

挤压激励网络（Squeeze-and-Excitation Network，SENet）是一种新型使用自注意力机制的网络，也是一种通道注意力网络。它于 2017 年在 ImageNet 竞赛中获得冠军，其 Top5 错误率降低到了 2.25%，而此前最好的 Top5 错误率是 2.99%。

众所周知，卷积神经网络的核心构件是卷积算子，它使网络能够通过融合每一层的局部感受野内的空间和通道信息来构建信息特征。首先从卷积通道信息开始，在实践过程中，卷积网络中的每层卷积都会使用多个通道，这是因为，更多的通道可以从更多的角度获取更多的信息，这样便具备了集成的思想。

图 3-6-1 所示是一个卷积滤波器，左边层 h 是一个有很多通道输入，输出通道为 2 的卷积层，卷积操作为卷积核在特征图上滑动并局部加权求和，这个过程便融合了空间信息；而右边的特征图又融合了每个卷积核的多个通道信息，因此卷积滤波器是融合了通道信息和空间信息的信息组合。

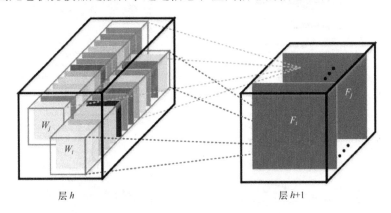

图 3-6-1　卷积滤波器

从卷积滤波器中可以看出，在融合多通道信息的过程中，每个通道信息是公平融入的。那么如果输出通道和输入通道按照一定相关性进行组合的话，会不会效果更好呢？类似 3.1 节中的回归问题举例，使用局部加权聚合代替平均数，就引入了通道注意力机制——挤压激励机制。

图 3-6-2 所示是挤压激励网络中的关键块，挤压激励块（Squeeze-and-Excitation Block）的结构。从图中可以看出该模块分为三个部分，分别是挤压部分、激励部分和缩放部分。

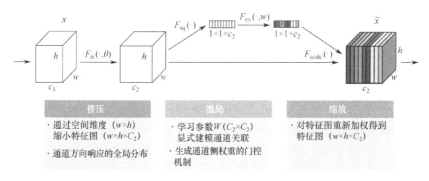

图 3-6-2　挤压激励网络中的关键块

挤压激励块输入特征张量 x，先经过卷积变换 F_{tr}，再经过挤压操作 F_{sq}，将特征挤压为 $1×1×C$ 的张量，其中 C 表示通道数；然后经过激励操作 F_{ex}，类似门操作，得到 $1×1×C$，取值范围为 0 到 1 的张量，即通道注意力系数；最后，将原理特征图（F_{tr} 后的特征图）的对应通道乘以通道注意力系数。下面详细说明其中的细节。

（1）转换操作 F_{tr}。该操作为普通卷积。输入特征图 X 的高为 H'，宽为 W'，通道数为 C'；使用尺寸为 k，通道数为 C 的卷积核进行卷积操作，用 v_c 表示。特征图 X 通过卷积操作得到 $H×W×C$ 的张量 U。

$$F_{tr}: X \to U, \quad X \in R^{H'×W'×C'}, \quad U \in R^{H×W×C}$$

$$u_c = v_c × X = \sum_{s=1}^{C'} v_c^s × x^s \tag{3-6-1}$$

（2）挤压操作 F_{sq}。挤压操作非常简单，就是把每个通道的特征图从 $H×W$ 大小挤压成 $1×1$ 大小。具体做法是使用求均值来实现，即全局平均池化。张量 U 通过挤压操作得到了 $1×1×C$ 的张量 Z。

$$z_c = F_{sq}(u_c) = \frac{1}{H×W} \sum_{i=1}^{H} \sum_{j=1}^{W} u_c(i,j) \tag{3-6-2}$$

式中，$u_c(i,j)$ 表示第 c 个通道的特征图 $H×W$ 上的第 i 行、第 j 列的取值。

（3）激励操作 F_{ex}。激励操作也是非常简单的过程。首先，将挤压结果经过一次全连接变成 $1×1×(C/r)$，即通道数降低为 C/r，再通过 ReLU 激活（非线性激活），然后经过一次全连接，通道数升回 C，得到 $1×1×C$，最后进行 Sigmoid 激活（非线性激活），就实现了激励操作。张量 Z 通过激励操作得到张量 s。

$$s = F_{ex}(z,W) = \sigma[g(z,W)] = \sigma[W_2\delta(W_1z)] \qquad (3\text{-}6\text{-}3)$$

式中，δ 表示 ReLU 激活；σ 表示 Sigmoid 激活。

激励操作得到的张量 s 的维度是 $1×1×C$，C 表示通道数。张量 s 是核心，它用来刻画张量 U 中 C 个特征图的权重；而且这个权重是通过前面的全连接层和非线性层学习得到的，因此可以进行端到端训练。两个全连接层的作用是融合各通道的特征图信息，因为前面的挤压操作都是在某个通道的特征图中操作的。

在激励过程中，为什么通道数要先降低再升高呢？这样做有两个好处，一是增加了非线性操作，可以极大地提高模型拟合通道间特性；二是降低参数和计算量。

（4）缩放操作 F_{scale}。该操作是逐通道相乘的过程。对于激励操作得到 $1×1×C$ 的张量 s，将 s 的每个值与 U 对应通道相乘，相当于 U 每个通道上的数据缩放了一定倍数（加权），所以称为缩放操作。

$$\tilde{x}_c = F_{scale}(u_c,s_c) = s_c u_c \qquad (3\text{-}6\text{-}4)$$

以上是挤压激励块的实现步骤，下面再看在实际使用中如何使用挤压激励网络。在一般情况下，并不直接使用整个 SENet，而是使用挤压激励块。

图 3-6-3 的左边展示的是结合 GoogleNet 中的"Inception"模块使用，挤压激励块直接用在"Inception"模块后，甚至可以直接嵌入 GoogleNet 中的"Inception"后使用，因为挤压激励块输出的通道数和特征图宽、高与输入相同；图 3-6-3 的右边展示的是结合残余连接模块使用，挤压激励块直接用在残余块之后，甚至可以直接嵌入到 ResNet 中使用。

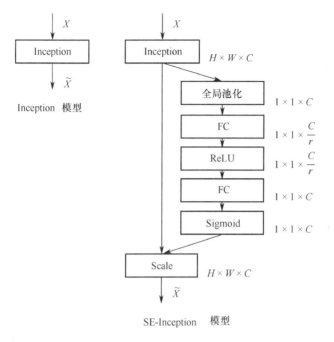

图 3-6-3　挤压激励块在具体网络中的应用

在实际使用中，挤压激励块可以结合很多网络使用，如 SE-Inception、SE-ResNet、SE-ResNeXt 等。

3.7　Transformer 编码器代码

通过前面的学习，读者对注意力机制已经有了一定掌握，同时对 Transformer 模型也有了一定了解。本节将通过对 Transformer 编码器代码的讲解，进一步加深读者对 Transformer 的理解。

Transformer 在自然语言处理（NLP）中的重要程度无须多说，本节所使用的代码参考了哈佛大学自然语言处理组编写的代码，但并未完全使用。一方面是因为该代码与原论文存在一些差异；另一方面是因为本书为一步步讲解 Transformer 各部分做了一些改进，更是为了与原论文的实现逻辑保持一致，避免读者在阅读本书的过程中感到困惑。

如图 3-7-1 所示，Transformer 编码器是由多个编码层堆叠而成的，每个编码层都由两个子层构成，分别为多头注意力层和前馈网络层（Feed Forward）。多头注意力层输入为同一张量，经过 3 个线性变换得到 Q、K、V；多头注意力块输出后，经过标准化和残余连接，然后输入前馈网络层，再经过标准化和残余连接，最后输出。

在代码讲解中，我们以总分总的形式讲解，先看整个"编码器"需要哪些类，然后以堆积木的方式，一点点堆砌每个模块，最后实现编码器代码。

首先，需要一个大的编码器类，这个类需要输入编码层的层数，以及每层的输入 / 输出通道数；其次，需要编码层类，这个类包括多头注意力子层和前馈网络子层。

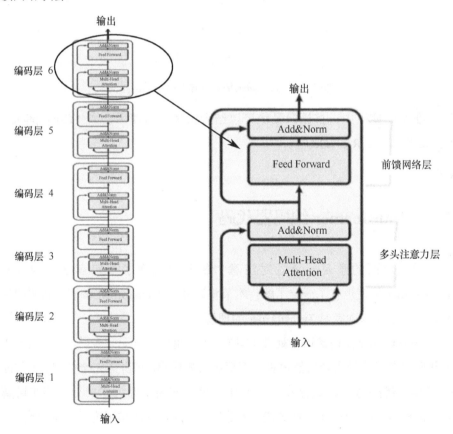

图 3-7-1　Transformer 编码器

Transformer 类架构如图 3-7-2 所示，从图中可以看出，编码器（Encoder）类的初始化需要两个参数，分别是"EncoderLayer"和"EncoderLayer"的层数 N。

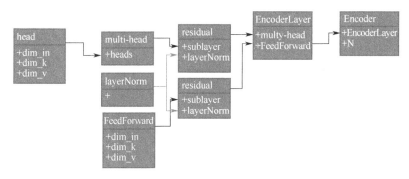

图 3-7-2　Transformer 类架构

"EncoderLayer"模块由多头（Multi-head）注意力机制经过残余连接和前馈网络经过残余连接构成。

我们沿着 Transformer 类架构，逐步实现编码。

1．实现单头注意力机制

首先实现"head"，即单头注意力机制。这里只需要一个方法即可实现，并不需要构建一个类，代码如下。

```
def attention(query,key,value,mask=None,dropout=None):
    "计算'缩放点积注意力'"
    d_k=query.size(-1)
    score=torch.matmul(query,key.transpose(-2,-1))/math.sqrt(d_k)
    if mask is not None:
        score=score.masked_fill(mask==0,-1e9)
    p_attn=score.Softmax(dim=-1)
    if dropout is not None:
        p_attn=dropout(p_attn)
    return torch.matmul(p_attn,value),p_attn
```

在以上代码中，"mask"的作用是为了防止占位符被注意力机制注意到；"dropout"就是 dropout 层，是一种 trick。

另外有不少工程师会单独构造一个 Head 类，多头就用多个实例化的 Head 类来实现。以下代码就是一个"Head 类"，该类中的 mask 对应上面 attention 方法中的 mask。

```python
class Head(nn.Module):
    def __init__(self,dim_in,dim_k,dim_v):
        super(Head,self).__init__()
        self.q=nn.Linear(dim_in,dim_k)
        self.k=nn.Linear(dim_in,dim_k)
        self.v=nn.Linear(dim_in,dim_v)

    def forward(self,query,key,value,mask=None):
        Q=self.q(query)
        K=self.k(key)
        V=self.v(value)
        return attention(Q,K,V,mask)
```

2. 实现多头注意力机制

有了单头注意力，实现多头注意力就非常容易了，代码如下。

```python
class MultiHeadAttention(nn.Module):
    def __init__(self,h,d_model):
        super(MultiHeadAttention,self).__init__()
        dim_k=d_model//h
        dim_v=d_model//h
        self.heads=nn.ModuleList([
            Head(d_model,dim_k,dim_v) for _ in range(h)
        ])
        self.linear=nn.Linear(h*dim_v,d_model)
    def forward(self,q,k,v,mask=None):
        res=self.linear(torch.cat([head(q,k,v,mask)[0] for head in self.heads],dim=-1))
        return res
```

以下代码是哈佛大学 NLP 组实现的多头自注意力机制。读者可以对比一下，根据自己个人喜好学习。

```
class MultiHeadedAttention(nn.Module):
    def __init__(self, h, d_model, dropout=0.1):
        "获取模型尺寸和头数量"
        super(MultiHeadedAttention, self).__init__()
        assert d_model % h == 0
        #假定 d_v 总是等于 d_k
        self.d_k = d_model // h
        self.h = h
        self.linears = clones(nn.Linear(d_model, d_model), 4)
        self.attn = None
        self.dropout = nn.Dropout(p=dropout)

    def forward(self, query, key, value, mask=None):
        if mask is not None:
            mask = mask.unsqueeze(1)
        nbatches = query.size(0)
        query, key, value = [
            lin(x).view(nbatches, -1, self.h, self.d_k).transpose(1, 2)
            for lin, x in zip(self.linears, (query, key, value))
        ]
        x, self.attn = attention(
            query, key, value, mask=mask, dropout=self.dropout
        )
        x = (
            x.transpose(1, 2)
            .contiguous()
            .view(nbatches, -1, self.h * self.d_k)
```

```
            )
            del query
            del key
            del value
            return self.linears[-1](x)
```

3. 实现层标准化类

根据 Transformer 类架构，我们实现了多头注意力机制，接下来需要实现层标准化（LayerNorm）类。实现"LayerNorm"有两种方式，一种是直接使用 torch 自带的"LayerNorm"层；另一种是自己编码实现，代码如下。代码中的 self.a_2 和 self.b_2 是缩放参数，由于标准化是针对每层做的，因此均值和标准差维度选的是-1。

```python
class LayerNorm(nn.Module):
    "构建层标准化"
    def __init__(self,features,eps=1e-6):
        super(LayerNorm,self).__init__()
        self.a_2=nn.Parameter(torch.ones(features))
        self.b_2=nn.Parameter(torch.zeros(features))
        self.eps=eps

    def forward(self,x):
        mean=x.mean(-1,keepdim=True)
        std=x.std(-1,keepdim=True)
        return self.a_2*(x-mean)/(std+self.eps)+self.b_2
```

4. 实现前馈网络和残余连接类

此处把"sublayer"放到 forward 方法中是为了通过传参即可完成编码层中的两个子层，代码如下。

```
class FeedForward(nn.Module):
    def __init__(self,dim_in,dim_feed):
        super(FeedForward,self).__init__()
        self.in_linear=nn.Linear(dim_in,dim_feed)
        self.relu=nn.ReLU()
        self.out_linear=nn.Linear(dim_feed,dim_in)

    def forward(self,x):
        x=self.relu(self.in_linear(x))
        out=self.out_linear(x)
        return out


class Residual(nn.Module):
    def __init__(self,sublayer,size,dropout):
        super(Residual,self).__init__()
        self.sublayer=sublayer
        self.norm=LayerNorm(size)
        self.dropout=nn.Dropout(dropout)

    def forward(self,*x):
        return self.norm(x[-1]+self.dropout(self.sublayer(*x)))
```

以上实现了多头注意力机制类、前馈网络类和残余连接类。在 Residual 模块中，结果"*x"表示输入的可能是多个张量，这是为了实现"多头注意力机制"。下面继续实现编码层。

5．实现编码层

代码如下。

```
class EncoderLayer(nn.Module):
    def __init__(self,h,size,dim_feed_forward,dropout):
```

```
        super(EncoderLayer,self).__init__()
        self.self_attn=Residual(MultiHeadAttention(h,size),size,dropout)
        self.feed_forward=Residual(FeedForward(size,dim_feed_forward),size,
dropout)

        self.size=size
    def forward(self,x,mask):
        self.self_attn.mask=mask
        x=self.self_attn(x,x,x)
        return self.feed_forward(x)
```

6. 编码层堆叠

现在我们把每个积木块都实现了，就可以开始堆积木了。Transformer 编码器实现非常简单，将编码层堆叠即可。首先实现 clones 方法，作为重复生产"积木块"（编码层）的"砖厂"。该方法中使用了 copy 模块的 deepcopy 方法和 torch.nn.ModuleList 方法。这就生产了给定要求数量"N"（传参 N）和生产规格"module"（传参 module）的"积木块"。

```
import copy

def clones(module,N):
    return nn.ModuleList([copy.deepcopy(module) for _ in range(N)])

class Encoder(nn.Module):
    def __init__(self,layer,N):
        super(Encoder,self).__init__()
        self.layers=clones(layer,N)
        self.norm=LayerNorm(layer.size)

    def forward(self,x,mask):
        for layer in self.layers:
            x=layer(x,mask)
        return x
```

到目前为止，对于 Transformer 这个"大园子"，已经把它的"前院"堆好了。下面不妨试试是否可以住"人"，派一个人走进来看看。我们随机用一个形状为[4,16,512]的张量输入 Transformer 编码器，如图 3-7-3 所示。

```
encoder_layer=EncoderLayer(6,512,128,0.1)
encoder=Encoder(encoder_layer,10)
x=torch.Tensor(4,16,512)
encoder(x,None).shape

torch.Size([4,16,512])
```

图 3-7-3　测试 Transformer 编码器

在实现了 Transformer 编码器后，距离实现完整的 Transformer 还缺少输入部分的位置编码和解码器部分。由于解码器代码和编码器差异不大，因此这部分工作就交给读者作为练习来实现。

3.8　Transformer 词嵌入中融入位置信息

上一节实现了 Transformer 编码器，整个过程非常简单，就是"积木"块的构造和"堆积木"的过程。本节我们将给"大园子"堆一个大门，即将位置编码融入词嵌入。

首先来看什么是词嵌入。在自然语言处理中，对于给定的语料库，通常将语料库词表中的每个单词都进行独热编码。例如，词表中有"apple""bag""cat"三个词，就用一个三维向量表示该词空间，每个词表示一个维度的基向量，即"apple"为[1,0,0]，"bag"为[0,1,0]，"cat"为[0,0,1]。

独热编码问题明显。如果词表中有 n 个词，就需要 n 维的词空间，每个词分别对应一个维度的基向量。这导致词表中的词越多，向量维度就越大，并且这些词向量之间没有关系。例如，增加"dog"

独热编码

apple = [1 0 0 0 0]

bag = [0 1 0 0 0]

cat = [0 0 1 0 0]

dog = [0 0 1 0 0]

elephant = [1 0 0 0 0]

图 3-8-1　五维独热编码向量

"elephant"两个词，词空间维度变为五维，如图 3-8-1 所示。

词嵌入（Embedding）操作是将独热编码乘以一个权重矩阵，从而嵌入到一个固定维度的低维空间。用低维空间分布式表示词向量的方法，可以捕获词之间的联系，因此词嵌入是一种常用的方法，在 PyTorch 中通过 nn.Embedding 方法实现。词嵌入实现过程如图 3-8-2 所示。

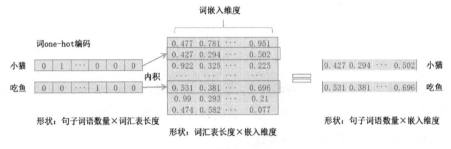

图 3-8-2　词嵌入实现过程

（1）用独热向量乘以权重矩阵 W，得到对应的词嵌入。例如，独热向量为 $N×N$ 单位矩阵，表示 N 个词汇构成的词表的独热编码向量。

如何查找指定词的词嵌入呢？

方法一：找到该单词对应的独热编码向量，然后乘以词嵌入向量便可以得到对应的词嵌入。

方法二：独热编码与词嵌入矩阵的乘积相当于用对应词在独热编码中维度的位置顺序，到词嵌入矩阵中查询对应行即为对应的词嵌入向量。

（2）在图 3-8-2 中，"num_embeddings"是词汇表的大小，对应步骤（1）中的 N，需要为词汇表中的每个单词进行嵌入；"embedding_dim"是词嵌入表示形式的维度，可以将其选择为任意值，如 3、64、256、512 等。在 Transformer 原始论文中，选择 512（超参 d_model = 512）。

需要注意的是，Transformer 在实现过程中并不是直接使用词嵌入方法的。这是因为 PyTorch 中的 nn.Embedding 在实现过程中，词嵌入矩阵初始化是 $N(0,1)$ 的标准正态分布，而 Transformer 的初始化方式是词嵌入矩阵的分布满足 $N(0,1/d\_model)$。这会导致一个问题，即词嵌入矩阵的元素分布方差会随着维度（d_model）变化。如果词嵌入维度（d_model）较大，那么初始值的波动会比较小，几乎都聚集在一起，随机初始化效果差，不易训练。因此，通过乘以 d_model，可以使词嵌入矩阵的分布回调到 $N(0,1)$，有利于训练。因此在词嵌入后，需要乘以 d_model 的平方根。Transformer 中的词嵌入代码如下。

```
class Embeddings(nn.Module):
    def __init__(self,d_model,vocab):
        super(Embeddings,self).__init__()
        self.lut=nn.Embedding(vocab,d_model)
        self.d_model=d_model
    def forward(self,x):
        return self.lut(x)*math.sqrt(d_model)
```

下面继续说明为什么使用位置编码。在自然语言处理过程中，循环神经网络（RNN）是逐个输入词向量的。因为有输入先后顺序，所以能够捕捉上下文的时间因果关系。如果使用 Transformer，则整个序列同时输入，就无法捕捉上下文先后顺序和时间因果关系，会造成很多歧义，如图 3-8-3 所示。

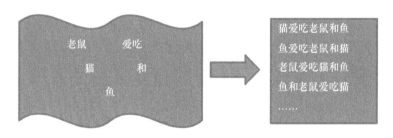

图 3-8-3　没有位置编码的情况

解决方法是给每个词向量一个顺序编号，然后将位置顺序的编号信息融入词嵌入。将位置顺序编号融入词嵌入，通常是将位置信息做嵌入操作，即编码为与词嵌入维度相同的向量，然后将二者相加在一起，如图 3-8-4 所示。

通常有以下两种方法获取位置信息嵌入向量。

（1）学习位置编码向量（需要可训练的参数）。

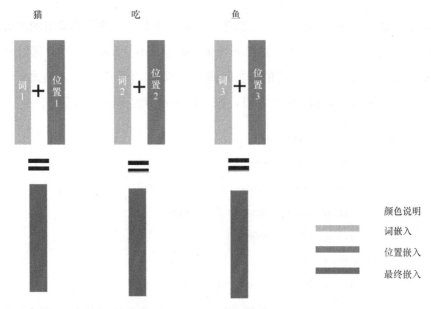

注：彩插页有相应彩色图像。

图 3-8-4　位置信息融入词嵌入

（2）使用方程式计算位置编码向量（不需要可训练的参数）。

虽然在实践过程，如在 Bert（一种模型简称，不区分大小写）模型中，发现使用学习位置编码向量的方式效果更好，Transformer 作者也强调学习的效果具有更好的鲁棒性，但还是在 Transformer 中选择了使用正弦的方式来编码位置向量。编码方式如下：

$$\mathrm{PE}_{(\mathrm{pos},2i)} = \sin\left(\frac{\mathrm{pos}}{10000^{2i/d_{\mathrm{model}}}}\right)$$

$$\mathrm{PE}_{(\mathrm{pos},2i+1)} = \cos\left(\frac{\mathrm{pos}}{10000^{2i/d_{\mathrm{model}}}}\right)$$

（3-8-1）

式中，PE 表示位置编码；下标 pos 表示位置序号，其取值是从 0 到序列最大长度 max_length-1 之间的整数。例如，"[cls] 我 爱 学 习 [sep]"是由 6 个 Token 组成的序列，"[cls]"的 pos 值为 0，"我"的 pos 值为 1，"爱"的 pos 值为 2，"学"为 3，"习"为 4，"[sep]"为 5。Bert 基线网络用的最大输入序列长度 max_length 为 512，其对应的 pos 取值为[0, 511]区间的整数。如果序列长度小于最大序列长度，则后面序列的位置编码对应"padding"表示没有意义，常被"mask"屏蔽。i 对应的是 0 到 $d_{model}/2-1$，$2i$ 和 $2i+1$ 表示在位置编码向量的偶数维和奇数维，i 从 0 开始，对应的 0 维和 1 维即 PE(pos, 0)和 PE(pos, 1)。

在式（3-8-1）中，给定偏移量 k，PE_{pos+k} 可以用 PE_{pos} 的线性函数表示，可以通过"和角、差角"正余弦计算公式来推导，即

$$\begin{cases} \sin(\alpha + \beta) = \sin\alpha\cos\beta + \cos\alpha\sin\beta \\ \cos(\alpha + \beta) = \cos\alpha\cos\beta - \sin\alpha\sin\beta \end{cases}$$

$$=> \tag{3-8-2}$$

$$\begin{cases} PE_{(pos+k,2i)} = PE_{(pos,2i)} \times PE_{(k,2i+1)} + PE_{(pos,2i+1)} \times PE_{(k,2i)} \\ PE_{(pos+k,2i+1)} = PE_{(pos,2i+1)} \times PE_{(k,2i+1)} - PE_{(pos,2i)} \times PE_{(k,2i)} \end{cases}$$

为什么要使用正弦和余弦呢？"位置编码的每个维度都对应一条正弦曲线。之所以选择正弦函数，是因为我们假设它可以使模型轻松地学习相对位置，对于任何固定偏移量 k，PE_{pos+k} 可以表示为 PE_{pos} 的线性函数。"

接下来看位置编码类是如何实现的，代码如下。

```python
class PositionalEncoding(nn.Module):
    def __init__(self,d_model,dropout,max_len=5000):
        super(PositionalEncoding).__init__()
        self.dropout=nn.Dropout(p=dropout)
        pe=torch.zeros(max_len,d_model)
        position=torch.arange(0,max_len).unsqueeze(1)
        # e 的 ln(x)次方等于 x，稍微变形一下方便计算。
        div_term=torch.exp(torch.arange(0,d_model,2)*(-math.log(10000.0)/d_model))
        pe[:,0::2]=torch.sin(position*div_term)
        pe[:,1::2]=torch.cos(position*div_term)
        pe=pe.unsqueeze(0)
        self.register_buffer('pe',pe)
    def forward(self,x):
        x=x+Variable(self.pe[:,:x.size(1)],requires_grad=False)
        return self.dropout(x)
```

在以上代码中，初始化参数"d_model"为位置向量要编码的维度，其在 Bert 模型中对应的是 512；"max_len"为序列最大长度；"dropout"为使用 dropout 层的概率，表示被丢弃的概率。

代码中先初始化了一个"pe"形状为 max_len×d_model 的全 0 张量，"position"是 0~max_len 的顺序张量，表示位置顺序。"div_term"比较有意思，用了一个"exp"求指数的操作，其中"torch.arange(0,d model,2)"取的都是偶数位，也就是将这个张量的每个值先求它们的"−ln(10000.0)/d_{model}"的倍数；用 x 表示这些偶数位，这一步实际上求的是式（3-8-3）中的含义，因为 ln 的乘除法可以放到 ln 中变成指数。

$$-\ln\left[10000.0^{\frac{x}{d_{model}}}\right] \tag{3-8-3}$$

对式（3-8-3）做指数操作，再把 x 换成偶数，得到

$$\frac{1}{10000^{\frac{2i}{d_{model}}}} = e^{\ln\left\{\frac{1}{10000^{\frac{2i}{d_{model}}}}\right\}} \tag{3-8-4}$$

$$= e^{-\ln\left\{10000^{\frac{2i}{d_{model}}}\right\}} = e^{\frac{2i}{d_{model}}\ln(10000)} = e^{2i\left(\frac{\ln(10000)}{d_{model}}\right)}$$

这就是"div_term"的具体表达式（表达式中的 log 通常指 ln，因为在编程中常常用 log 表示数学的 ln，而 ln 是指定底数的 log），所以变量"div_term"表示的是 PE 编码 sin 函数内部位置"pos"的系数。因此，对于偶数维度，$PE_{(pos, 2i)}$=sin(pos×div_term)；对于奇数维度，$PE_{(pos, 2i+1)}$=cos(pos×div_term)。

在 forward 方法中，x.size(1)表示实际序列长度。

最后，通过如图 3-8-5 所示的位置编码可视化，看看不同"嵌入"的维度、位置、嵌入情况。图中输入序列长度为 100，"嵌入"向量空间维度为 20，这里只展示 4、5、6、7 维度的数据分布。

图 3-8-5 中横坐标是序列长度，纵坐标是位置嵌入的取值。

当维度固定时，pos 增大，sin 值增大。当 pos/(10000.0)$^{2i/d_{model}}$ 小于 2π 时，完成不了一个波长；当小于 π 时，这一维度是随 pos 单调变化的。随着 pos 增

加，波长会越来越短，最后变成一个高频波形。

```
plt.figure(figsize=(15, 5))
pe = PositionalEncoding(20, 0)
y = pe.forward(Variable(torch.zeros(1, 100, 20)))
plt.plot(np.arange(100), y[0, :, 4:8].data.numpy())
plt.legend(["dim %d"%p for p in [4,5,6,7]])
None
```

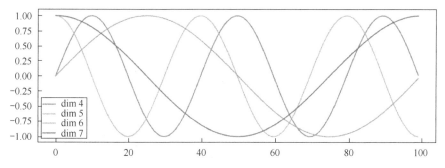

注：彩插页有对应彩色图像。

图 3-8-5　位置编码可视化

当 pos 固定时，所在维度 d_{model} 增加，意味着分母减小。当 $\text{pos}/(10000.0)^{2i/d_{\text{model}}}$ 小于 2π 时，完成不了一个波长；当小于 π 时，这一维度是随 pos 单调变化的。如果维度持续增加，则分母越来越小，最后波形变成一个长波，为低频图像。

第 4 章 模型压缩

4.1 模型压缩的必要性及常用方法

在深度学习领域，模型压缩也是一个重要议题，是深度学习算法在实际生产中应用要研究的一个方向，也越来越受到广泛重视。那么为什么要进行模型压缩呢？在回答这个问题前，我们不妨看一组数据。

AlexNet 有多少个可训练参数呢？答案是 6200 万！

2014 年推出的另一个流行模型 VGGNet 则有 1.38 亿个可训练参数，是 AlexNet 的 2 倍以上！

在深度学习领域中，算法更新日新月异，众多优秀模型脱颖而出，在不断地刷新纪录。这些模型无一不使用大量的参数，图 4-1-1 所示为当下一些常用优秀模型的信息。

模型	层数	参数数量(百万)	# MACCs	Error-5(%)
AlexNet	8	60	650	19.7
ZefNet	8	60	650	11.2
VGG16	16	138	7800	10.4
SqueezeNet	18	1.2	860	19.7
GoogleNet	22	5	750	6.7
Inception-v3	48	23.6	5700	5.6
Inception-v4	70	35	6250	5
ResNet-101	101	40	3800	6.8
ResNet-152	152	55	5650	6.7
ResNet-200	200	65	6850	5.8
ResNeXt	101	68	4000	5.3
DenseNet-201	201	16.5	1500	6.3
SENet-154	154	100	10,500	4.5
MobileNet-v1	28	4.2	569	10
MobileNet-v2	28	3.5	300	9
ShuffleNet	11	5.3	260	10

图 4-1-1　当下一些常用优秀模型的信息

生活中有大量物联网设备和广泛使用的移动设备。2022 年，全球联网的物联网设备数量达到 144 亿台；到 2030 年，物联网设备将达到 1250 亿台到 5000 亿台，这是非常庞大的数据。在这些设备中，很多设备已经在一定程度上使用了人工智能，并且许多应用程序需要实时的设备处理功能，其中无人驾驶就是一个典型的例子，汽车必须在行驶过程中实时进行视觉处理，躲避障碍物并按规则行驶。

下面回到我们的问题，既然大量物联网设备和移动设备需要用到人工智能，那么可以使用深度学习模型吗？我们面临的挑战或限制是什么？一个最主要的挑战或限制就是受到物联网设备资源的限制。例如，物联网设备的内存一般很小，CPU 计算能力有限，而大的模型的大量参数计算需要消耗时间，并且占用很多内存，因此会导致使用效果不佳。

当模型很大时，很难在资源受限的设备上进行部署。尽管这些模型已在实验室中取得了不错的成绩，但它们在实际应用中并不可用。于是，我们自然而然就想到要对模型进行压缩改进。

下面介绍三种常用的模型压缩方法。

第一种方法：网络修剪，如图 4-1-2 所示。

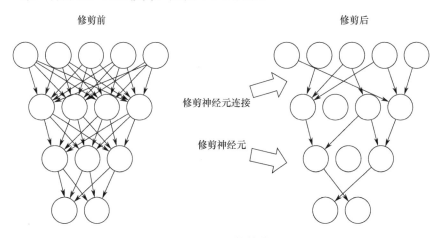

图 4-1-2　网络修剪

网络修剪（又称模型剪枝）是一种最直接，最简单朴素的改进方式。该方法把复杂的模型变成简单的模型,把复杂庞大的网络结构通过修剪变成小而精干的网络结构。"dropout"实际上就是一种带剪枝功能的方法。

模型修剪通常通过以下步骤完成:

(1)衡量神经元的重要程度。

(2)移除一部分不重要的神经元。

(3)对网络进行微调。

(4)返回第一步,进行下一轮修剪。

第二种方法:模型量化,如图 4-1-3 所示。

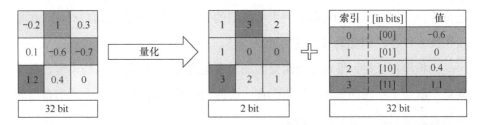

图 4-1-3 模型量化

该方法把连续的参数离散化、稀疏化,原来稠密的权重就可以用离散的、稀疏的数据来表示了。如图 4-1-3 所示,最左侧参数为 32bit,是一个浮点数的矩阵,取值范围为-1~2,将其离散化后变为-1,0,1,2 四个数字,然后将它们整体加 1,得到 0,1,2,3 四个数字,即中间的矩阵,由于取值仅包括 0,1,2,3,因此只需要 2bit,与最右侧索引表对应。

例如,有 256 个数字,包括 56 个 8,100 个 7 和 100 个 9。如果采用模型量化方法,只需要用 3bit 来表示中心位置 8,另外再用 2bit 表示偏移量,共需要 5bit。其中 9 对应偏移量 1,7 对应偏移量-1,8 表示无偏移。

第三种方法:知识蒸馏,如图 4-1-4 所示。

该方法的指导思想是强迫较小的模型去模仿较大的模型。其在深度学习背景下被称为"师生学习"法,又称为知识提取或知识蒸馏。

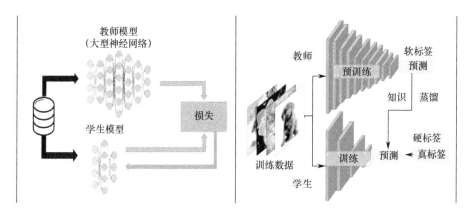

图 4-1-4　知识蒸馏

假设将已经训练好的大型模型 ResNet 作为"教师"，用它来指导"学生"模型。在训练过程中，我们同时对"教师"和"学生"用前向传播，并且计算二者预测数据的交叉熵。这样训练的"学生"模型，不仅会根据真实数据去学习，而且还向"教师"学习了潜在知识。这种方法的思想是非常出色的，是从生活中得到启发而设计的一种方法。

4.2　修剪深度神经网络

上一节我们深入讲解了为什么要使用模型压缩，并且简要介绍了一些常见的模型压缩方法。本节将详细讲解最常用的方法之一——网络修剪。

下面通过如图 4-2-1 所示的流程图说明修剪过程。修剪过程分为以下五个步骤。

第一步：准备一个训练好的模型，"网络模型"为一个训练过的神经网络。

第二步：评估各神经元的重要程度。"神经元推理重要性"实际上是重要性排序。在卷积网络中，就是要评估卷积滤波器的权重重要程度。

第三步：把权重最小的神经元修剪掉，即"删除最不重要的神经元"。

第四步：进行"微调"训练。

第五步："继续修剪"。判断是否达到要求，如果还没达到要求，则重复执行第二步。以此往复，直到满足要求，才"停止修剪"。

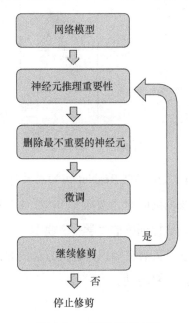

图 4-2-1　网络修剪过程

　　要对神经网络进行修剪，就需要了解神经网络的权重分布。在神经网络中，权重分布是有一定规律可循的。深度卷积神经网络中大部分权重都在全连接层中，如在 VGG16 中，90％的权重在全连接层中。根据这一规律，网络修剪模型剪枝方法可以分两步实现。第一步，将该层的权重从小到大排序；第二步，丢弃具有最小权重的连接（删除最不重要的神经元）。这种方法可以将 VGG16 的权重缩小为原来的 1/49，但是缺点也很明显，就是会导致大量连接稀疏，而 GPU 不能很好地处理稀疏矩阵，这样反而会消耗更多的时间。

　　因此，常用的方法是修剪整个滤波器（卷积核）。图 4-2-2 所示是一个简单的卷积层。现在的思想是把某层中权重较小的卷积核整个删除，具体做法是把卷积核按照权重大小排序，使用的评估标准为权重的 L1 范数。在每次修剪迭代时，对所有滤波器根据权重 L1 范数进行排序，然后在所有层中把全局排名最低的几个滤波器删除。例如，在图 4-2-2 中，如果"核 2"是 L1 范数最小，则把"核 2"整个删除，这样输出结果中对应的通道特征整个也就不存在了，就不会出现前面提到的稀疏性问题。这种方法在减小了网络权重的同时，也保持着模型速度。

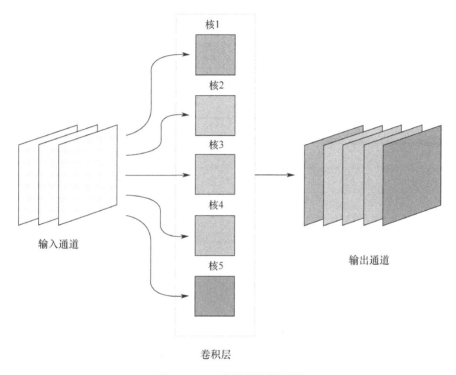

核1

核2

核3

核4

核5

输入通道

卷积层

输出通道

图 4-2-2　一个简单的卷积层

通过实验发现，VGG16 中各层需要修剪的卷积核数量会随着层数的增加而不断增加，如表 4-2-1 所示。从 0～7 层，修剪的卷积核数量都是个数级别，但从 10 层开始，修剪的数量就是几十个，且增加趋势明显。修剪过的模型与原模型相比，准确度从 98.7%下降到 97.5%，网络大小从 538MB 降为 150MB。在 i7CPU 上，单个图像的推理时间从 0.78 秒减少到 0.277 秒，几乎减少为原来的 1/3!

表 4-2-1　VGG16 修剪实验

层数	修剪掉的卷积核数量
0	6
2	1
5	4
7	3
10	23
12	13
14	9
17	51
19	35
21	52
24	68
26	74
28	73

4.3　模型量化

模型量化是非常重要的一种压缩方法。因为在一些终端设备上，模型是有限制的，如"App Store"对 App 大小有限制。除此之外，终端设备的计算能力和存储都是有限的。因此，有必要对模型进行量化来压缩模型，这样才能在终端设备上使用深度学习模型。

模型量化通过减少表示权重的比特位数量，更大程度地压缩被修剪后的模型，通过让多个连接共享相同的权重来限制需要存储的有效权重的数量。

模型量化的一个重要思想是共享权重。如果从共享的角度来理解模型量化，是非常容易的。共享权重可以限制需要存储的有效权重的数量，然后对这些共享权重进行微调，从而达到模型权重更新的目的。

模型量化的另一个重要思想是近似思想。图 4-3-1 所示是共享权重（近似思想），有 2.09、2.12、1.92、1.87 这 4 个权重，它们都距离 2.0 很近，可以说约等于 2.0，因此可以用 2 来近似表达这 4 个权重。

有了以上两个思想，我们开始进行模型量化。模型量化的工作过程如图 4-3-2 所示。

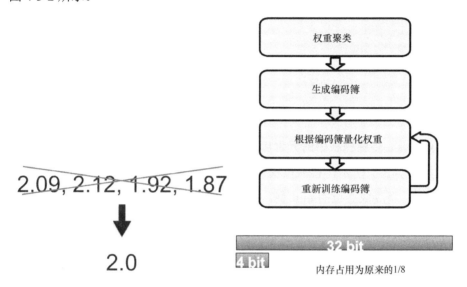

图 4-3-1　共享权重（近似思想）　　　图 4-3-2　模型量化的工作过程

从图 4-3-2 可以看出，量化仅需要四步就能完成。第一步，对权重进行聚类；第二步，根据聚类结果生成编码簿；第三步，根据编码簿量化权重；第四步，重复训练编码簿。然后不断迭代第三步和第四步，直到达到一定标准，这样就达到了与普通训练一样的目的。

接下来看一个例子，在图 4-3-3 中，左侧为一个普通的卷积核，是 32 位浮点（float）数据类型，数据有正有负。

第一步：对权重进行聚类，聚为 4 个类，类中心分别为-1.00、0.00、1.50、2.00。

第二步：将类中心进行编码，生成编码簿，如图 4-3-3 右侧所示。框内的数字为类中心，框外冒号前的数字为编码，-1.00 的编码为 0，0.00 的编码为 1，

1.50 的编码为 2, 2.00 的编码为 3。

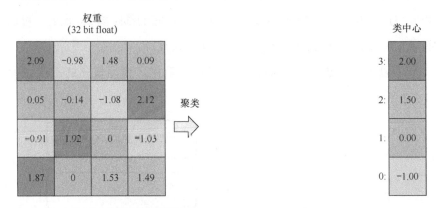

图 4-3-3　权重聚类（中心化）和生成编码簿

第三步：将卷积核中的元素用所属类别中心的编码替换掉，即量化权重，变为如图 4-3-4 所示，卷积核权重矩阵就转换为"聚类索引"矩阵，矩阵从 32 位 float 型变成 2 位的 uint 型。例如，权重矩阵中的 0 行 0 列数据为 2.09，对应类中心为 2.00，其编码为 3，因此"聚类索引"矩阵中的 0 行 0 列数据编码为 3。

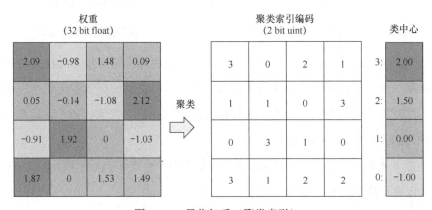

图 4-3-4　量化权重（聚类索引）

第四步：训练模型，即计算梯度。对于卷积核权重矩阵，其梯度为与权重矩阵形状一样的矩阵，如图 4-3-5 所示。

权重
(32 bit float)

聚类索引编码
(2 bit uint)

类中心

2.09	-0.98	1.48	0.09
0.05	-0.14	-1.08	2.12
-0.91	1.92	0	-1.03
1.87	0	1.53	1.49

聚类

3	0	2	1
1	1	0	3
0	3	1	0
3	1	2	2

3: 2.00
2: 1.50
1: 0.00
0: -1.00

梯度

-0.03	-0.01	0.03	0.02
-0.01	0.01	-0.02	0.12
-0.01	0.02	0.04	0.01
-0.07	-0.02	0.01	-0.02

图 4-3-5　计算权重矩阵对应梯度

权重梯度矩阵计算完成后，按照原来权重所属的类，把同类权重的梯度放在一起为一组。当权重聚类时，如果权重元素属于同一类，则用相同颜色表示，如图 4-3-6 所示。

权重
(32 bit float)

聚类索引编码
(2 bit uint)

类中心

2.09	-0.98	1.48	0.09
0.05	-0.14	-1.08	2.12
-0.91	1.92	0	-1.03
1.87	0	1.53	1.49

聚类

3	0	2	1
1	1	0	3
0	3	1	0
3	1	2	2

3: 2.00
2: 1.50
1: 0.00
0: -1.00

图 4-3-6　梯度分组

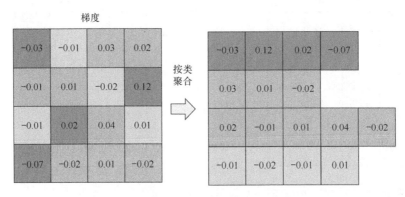

图 4-3-6　梯度分组（续）

然后计算相同分类的平均梯度，如图 4-3-7 所示。

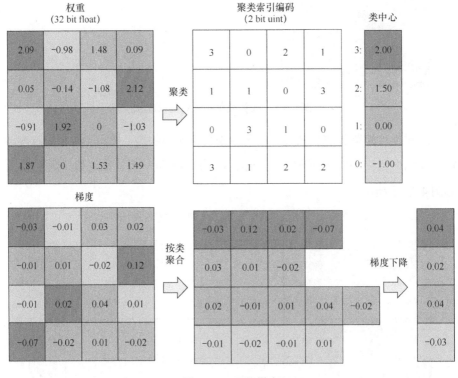

图 4-3-7　平均梯度

最后将平均值作为类中心的梯度，更新类中心，如图 4-3-8 所示。

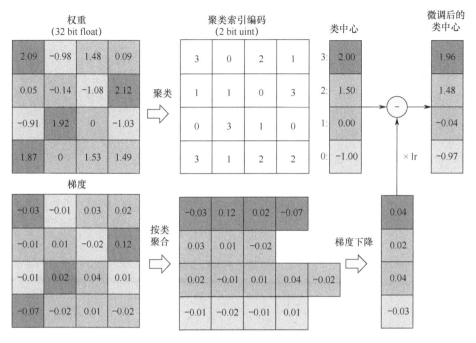

图 4-3-8　更新类中心

下面来看一下，通过模型量化压缩后的压缩倍率如何计算。压缩倍率是指原模型比压缩后模型的倍数。计算公式为

$$r = \frac{nb}{n\log_2(k) + kb} \tag{4-3-1}$$

式中，n 表示权重个数；b 表示存储的比特位数；k 表示 k 个聚类；$\log_2(k)$ 表示编码的索引用 2 比特位数存储。

假设权重个数 n 为 16，数据类型为 32 位浮点数，即 $b=32$，聚类中心为 4 个，即 $k=4$，则计算结果为

$$r = \frac{16 \times 32}{16 \times \log_2 4 + 4 \times 32} = \frac{16 \times 32}{16 \times 2 + 4 \times 32} = \frac{16}{5} = 3.2 \tag{4-3-2}$$

下面通过图像来对比压缩前后的权重分布。图 4-3-9 所示为量化前的权重分布，此时的权重分布为连续数值，范围在-1 到 1 之间。图 4-3-10 所示为量化后的权重分布，此时的权重分布仅为少数几个离散值，可以看出量化后的权重数量明显减少。

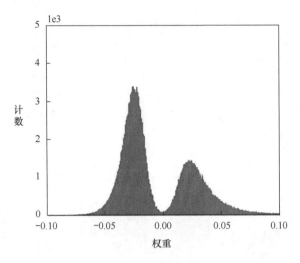

图 4-3-9　量化前的权重分布

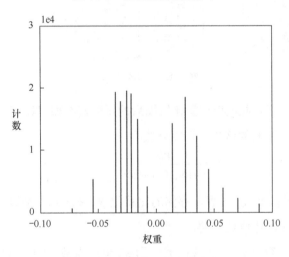

图 4-3-10　量化后的权重分布

4.4　知识蒸馏

　　知识蒸馏又称为"教师–学生"模型，是通过已经训练好的大型模型（教师）来训练小型模型（学生），"教师"和"学生"都是拟人化的称呼。本节将详细讲解知识蒸馏是如何实现的。

4.4.1　知识蒸馏的实现步骤

在自然界中，生物在不同生命阶段会以不同的形式生活。例如，蜻蜓一生从受精卵开始，到幼虫，再到成虫，不同阶段的生活方式不同，幼虫在水中生活，成虫才在陆地上飞行。同样地，AI 算法在不同阶段的使用形式也不同。在模型训练阶段，应尽可能地训练大型网络，数据量大，模型复杂，这样才能更好地保证效果。但在生产阶段，就需要让模型变得轻量，模型小、计算快、效果好。那么如何让模型在生产过程中变得小型且快捷呢？知识蒸馏就是这样一种方法，其实现步骤如下。

（1）训练"教师"模型。使用大型数据集，训练一个比较 SOTA 的模型，通常是使用当前比较 SOTA 的模型。

（2）标注软目标。设置一个温度值，使用"教师"模型给新的数据标注标签，然后用"教师"模型预测的概率值来标注，预测每个样本属于某个类标签的概率。这个类的概率称为软目标，而数据集原来真实的标签称为硬目标。

（3）同时使用"软目标"和"硬目标"训练"学生"模型。

（4）在线生产的时候，温度值设置为 1。

4.4.2　软目标的作用

在知识蒸馏实现步骤中，关键部分就是设置一个温度值，然后再用"教师"模型预测概率作为数据集的标签。这个过程就像"教师"将自己学过的知识融会贯通，然后再教给"学生"一样。

从直观上看，这样做的好处非常明显。软目标是经过预测的概率，是 Softmax 过程，它不仅告诉"学生"模型，这条数据标签属于哪类，而且还给出这条数据属于该类别的概率，以及这条数据和其他类别的相似程度。

图 4-4-1 所示是一个图像分类任务，假设有"猫""狗""自行车"三个类

别，若干数据待分类。给定一张猫的图像，如果简单地用硬目标来训练，则模型直接把"猫"当作正确类别，把"狗"和"自行车"都归为错误类别。但因为"猫"和"狗"同属哺乳动物，所以"猫"与"狗"要比与"自行车"关系更密切，相似性更高。

图 4-4-1　图像分类任务

软目标在数学表现上就是包含更多的信息，而硬目标的信息则比较单一。图 4-4-2 所示是 MNIST 手写字体识别。硬目标只包含当前所属分类的类标签，对图像与其他标签的关系并不关注；而软目标对给定的图像则包含它与每个目标的相似概率。从图中可以看出，左边的"2"看起来有些像"3"，所以它在"3"处也有较高的概率；同样，右边的"2"看起来有些像"7"，所以它在"7"处也有较高的概率。

在训练过程中，通常使用的交叉熵损失函数如下：

$$\text{loss} = -\sum_i y_i \log p_i \tag{4-4-1}$$

式中，y_i 表示真实标签类别为 i（i 表示第 i 个类别）的概率；p_i 表示模型预测标签为类别 i 的概率。

对于硬目标，交叉熵损失函数中 y_i 的取值只能为 0 或 1。

例如,对于真实标签"2","学生"模型的预测结果为[0.01,0.02,0.55,0.3,0.03,0.04,

0.05,0,0,0]，数组位置对应 0 到 9 类别。硬目标损失函数计算如下：

$$loss = -(0 \times \log 0.01 + 0 \times \log 0.02 + \log 0.55 + 0 \times \cdots) \tag{4-4-2}$$

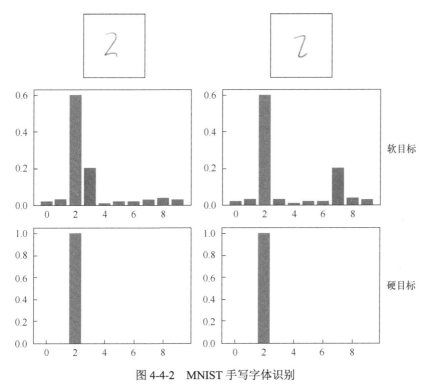

图 4-4-2　MNIST 手写字体识别

而对于"教师"标注后的软目标，则不会出现这种情况。因为软目标的 y_i 是"教师"预测的概率，所以其取值为 0 到 1 之间的数值。

软目标的作用非常明显，它使得"学生"能够学习到数据集中没有的信息。例如，如果训练"学生"的样本中没有"3"，但是"教师"见过"3"，于是它通过经验告诉"学生"哪些样本像"3"。如图 4-4-2 所示，"教师"告诉"学生"左边"2"与"3"的相似度是多少；如果再碰到其他与"3"相似的样本，就再告诉学生这个样本与"3"的相似度是多少。这样，"学生"模型就可以学习到数据集中没有的样本，从而解决了生产中样本不足，甚至是空样本的情况。

4.4.3 蒸馏"温度"

要酿制好酒，蒸馏温度至关重要。那么我们要"蒸馏"出好的模型，"蒸馏温度"自然要控制得恰到火候才行。

神经网络在处理分类任务的时候，常常采用一系列经过反复堆叠的非线性激活层的深度模型（如 CNN 或其他模型）。在网络最后的 Softmax 层前，会得到这个图像属于各类别 i 的数值 z_i，某个类别 i 的输出值 z_i 越大，则模型认为输入图像属于这个类别的可能性就越大。这是一个逻辑过程，即哪个 i 对应的输出值 z_i 最大，图像就属于哪个类别。但这些输出并不是概率分布的结果，因此需要使用 Softmax 函数将其转换为概率空间上的概率，公式如下：

$$q_i = \frac{\exp(z_i)}{\sum_j \exp(z_j)} \tag{4-4-3}$$

式中，exp 表示指数函数。

很显然，软目标会出现在当 Softmax 输出的概率分布熵相对较小时，负标签的值都很接近 0，对损失函数的贡献非常小，小到可以忽略不计，即对于一些图像，它属于某个类别的概率非常高，导致其他类别之间的差异信息就非常少，少到接近 0。例如，给定一幅图像，属于猫的概率很高，为 0.99，属于狗的概率为 1e-3，属于自行车的概率为 1e-6。虽然狗与自行车差异非常大，但在数值上二者都接近 0，因为它们与 0.99 相比都太小了。这个时候就要用到"温度"了。这就好比水中混合了酒精和某种油，要蒸馏出酒精很容易，因为水和油的沸点比酒精高很多；但要蒸馏出水，就需要将温度控制在水的沸腾温度以上，油的沸腾温度以下。

具体做法是直接在 Softmax 过程中引入"蒸馏温度" T。公式如下：

$$q_i = \frac{\exp(z_i / T)}{\sum_j \exp(z_j / T)} \tag{4-4-4}$$

当温度 $T=1$ 时，就是标准的 Softmax 公式。T 越大，Softmax 的输出概率分布越趋于平滑，其分布的熵越大，包含的信息就越多；这样负标签携带的信息就会被相对地放大，模型训练将更加关注负标签。

　　下面举例进行说明。随机生成 100 个数，作为某个模型一次输出接入 Softmax 层的值，用 Softmax 处理表示每个类别的概率。随机数取值由定义在区间[0,5]上的均匀分布产生，因此随机数最大取 5，最小取 0，并且不可能 100 个随机数都一样。如果全部一样，需要再随机抽取一次。这就相当于一次分类不可能每个类别的概率都一样。

　　如图 4-4-3 所示，9 个子图分别表示 Softmax 过程中数据除以不同的 T 后的概率分布（柱状图表示概率），可见随着 T 增加，概率逐渐趋向平均，负样本（除最大概率类别以外都是负样本）影响凸显。当 T 降低时，马太效应则会越来越凸显。其中图 4-4-3（b）为 $T=1$ 时的概率分布，相当于不采用蒸馏温度的情况。

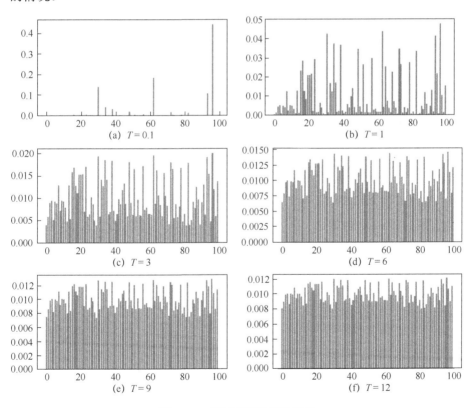

图 4-4-3　不同蒸馏温度的影响

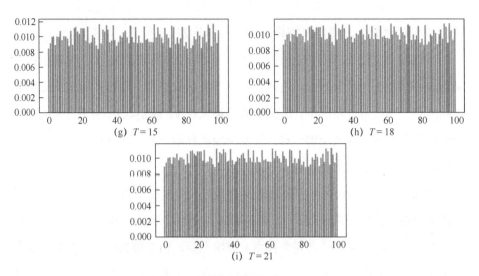

图 4-4-3　不同蒸馏温度的影响（续）

知识蒸馏训练的损失函数为软目标损失和硬目标损失之和，公式如下：

$$\text{loss} = -\left(\alpha \sum_i p_i^T \log q_i^T + \beta \sum_i c_i \log q_i^T\right)$$

$$\alpha + \beta = 1$$

（4-4-5）

式中，p_i^T 表示"教师"模型在温度 T 下预测的概率，下标 i 表示类别；q 表示"学生"模型预测的概率，上标表示温度，下标表示类别，α 和 β 表示权重。

式中括号内第一项表示软目标的损失函数，第二项表示硬目标的损失函数，可以看出，当硬目标温度取值为 1 时，即正常的 Softmax。

软目标的损失函数通常使用 KL 散度。这种细节读者可以通过阅读更多的文献获取，此处不再赘述。

4.4.4　特征蒸馏

还有一种比较特别的知识蒸馏方法，就是"教师"模型不是从结果上来监督"学生"模型学习，而是强迫"学生"模型某些中间层的响应去逼近"教师"模型对应的中间层的响应。在这种情况下，"教师"模型中间层的响应，就是传递给"学生"的知识。虽然有很多种知识蒸馏方法，但本质都是"教师"模型将特征级知识迁移给"学生"模型。这样做的好处就是让一个"宽大"的深度网络模型变成一个"瘦小"的深度网络模型，极大地提高模型运行速度。

在之前的知识蒸馏中，考虑的是"学生"模型与"教师"模型的参数相同或更少的情况。

现在请读者朋友考虑一个具有比"教师"模型更多的层，但每层具有较少神经元数量的"学生"模型该如何训练。下面将介绍对这类模型的解决方法，这种知识蒸馏方法称为"特征蒸馏"。

与前面的"目标蒸馏"不同，"特征蒸馏"在训练"学生"模型的过程中，"学生"不仅仅要学习"教师"的软目标，还要拟合"教师"模型中间层的输出特征。因此训练分为以下两个阶段：

第一阶段："学生"模型学习"教师"模型的隐藏层输出（称为提示学习或预训练阶段）。

第二阶段："学生"模型学习"教师"模型的软目标。

具体的训练步骤如下：

（1）选择中间层。先在"教师"模型中选择用来提取特征的层，称为"提示层"（Hint Layer），然后在"学生"模型中选择用来逼近"教师"特征输出的层，称为"被引导层"（Guided Layer）。这就好比学生在学习过程中，教师不断提示他哪里错误，该怎么学习一样。

（2）提示学习，适配特征。由于"学生"模型的中间层比较窄且深，即输出的特征尺寸和通道与"教师"模型输出的特征尺寸和通道不匹配，于是需要给选择的"被引导层"后面接上一个卷积，用作适配，然后通过损失函数训练"学生"模型的特征。这个阶段称为"提示学习"，也称为"预训练"。

（3）进入第二阶段，通过知识蒸馏进一步训练"学生"模型，使用的是均方差损失函数。

将"特征蒸馏"与"目标蒸馏"相比，"目标蒸馏"像极了小学教师教小学生这题是对还是错，而"特征蒸馏"相当于中学教师教学生如何推导公式和证明过程。

如果把第一阶段"学生"模型学习到的参数作为"学生"模型的初始化参数，然后开始训练目标，就是完完全全的"目标蒸馏"了，此处不再赘述。

除了"目标蒸馏""特征蒸馏"，还有一种蒸馏方法称为"关系蒸馏"。所谓"关系蒸馏"，就是关系型知识蒸馏。这种蒸馏方法是除通过"教师"模型的多个输出对"学生"模型的多个输出直接做监督训练外，还构建能够表征结构的损失函数，以及"距离蒸馏损失"和"角度蒸馏损失"。这是为了让小模型能够更好地学习到大模型的结构信息而设计的一种蒸馏方法，此处不再赘述。

第 5 章　自监督学习

自监督学习一度被业界认为是深度学习方面最有前景的方向之一。通过本章的讲解，读者朋友将了解什么是自监督学习，以及自监督学习的重要性。可以说，自监督学习是一个非常有趣且非常重要的具有现实意义的课题。下面首先讲解什么是自监督学习。

5.1　什么是自监督学习

自监督学习非常有趣，它具有非常坚实的现实基础。在机器学习任务中，给定任务和足够的标签，使用监督学习即可很好地解决一个机器学习问题，但是，要达到良好的性能，就需要相当数量的标签，而手动收集标签的成本又很高。在现实生活中，未标记的数据，如文本、图像等，远远多于有限数量的人类标记数据集，这些数据如果不加以使用，十分可惜。因此，如何"免费"获得未标记数据的标签，并且以监督的方式训练它们，是一个非常重要的问题。

自监督学习就是为解决这样的问题而产生的概念，为解决存在大量未标记样本的问题提供了强有力的方法。它以特殊形式来组织有监督的学习任务，以使用一个信息集的一部分来预测另一部分，从而达到目的。例如，一个图像就是一个信息集，可以利用图像的一部分预测另一部分，这就提供了输入和标签。

下面从时空角度来说明什么是自监督学习，如图 5-1-1 所示。自监督学习在时空上的表现可以概括如下：

（1）通过过去预测未来。

（2）通过可见数据预测隐藏数据。

（3）通过可见部分预测遮挡部分。

综上所述，自监督学习的定义可以概括为：假定输入数据中有一部分是未知的，用已知的部分数据来预测这部分假定未知的数据，并且用假定未知的这部分数据作为标签来继续进行有监督学习，这一过程或方法就称为自监督学习。

时间或空间 ⟶

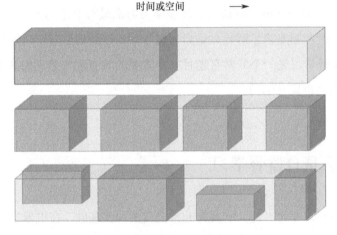

图 5-1-1 自监督学习任务在时空的表现

由此可见，自监督学习有很强的现实合理性。自监督任务也被称为前置任务或辅助任务（Pretext Task），可以使用监督函数来进行训练，通常情况下并不关心任务的最终性能，而仅对中间的表示感兴趣，这就是自监督学习表征的由来。这种中间表示可以具有良好的语义或结构含义，并且有益于各种实际的下游任务（Downstream Task）。

5.2 Bert 中的自监督学习

在 Bert 中存在各种各样的自监督学习。下面以 Bert 为例，分析处理语言建模过程中使用的自监督学习思想，以及在各种情况下如何应用自监督学习，才能达到较好的效果。

图 5-2-1 所示是自监督学习处理流程，包括输入原始文本、自监督学习（Self-supervised Learning）和有监督学习（Supervised Learning），其中自监督学习是前置任务，而有监督学习是下游任务。在使用有监督学习之前，如果先经过自监督学习，则模型对语料的理解，相较于只使用有监督学习会更加深刻。

前置任务
下游任务
输入原始文本
自监督学习
有监督学习

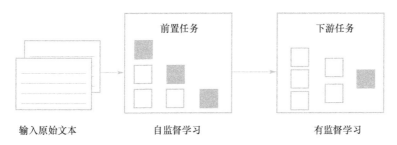

图 5-2-1　自监督学习处理流程

通过自监督学习，在如图 5-2-2 所示的英文句子中可以预测所有的单词，即遮盖一部分单词，然后通过输入句子，可以预测遮盖的单词是什么。这类似于在完形填空中通过对上下文的理解在空白处填上单词。

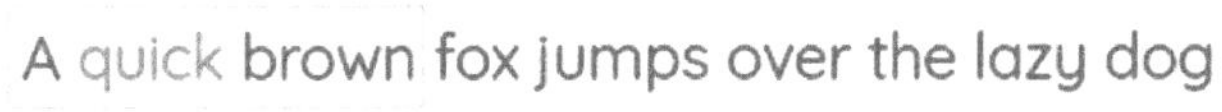

A quick brown fox jumps over the lazy dog

图 5-2-2　单词预测

例如，在图 5-2-3 中，中心词为“quick”，上下文词分别为“A”和“brown”，可以通过上下文词来预测中心词。

中心词
窗口尺寸 = 1
A quick brown fox jumps over the lazy dog
上下文词

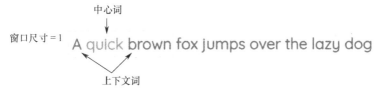

图 5-2-3　中心词预测（窗口为 1）

除了预测中心词，反过来，还可以由中心词预测两侧的相邻词（上下文词），如图 5-2-4 所示。

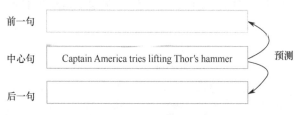

图 5-2-4　相邻词预测

此外，更进一步，还可以对句子进行预测，如图 5-2-5 所示。根据中心句，预测上下文句子，其典型的应用为智能问答。

图 5-2-5　上下文句子预测

一个更能体现自监督思想的例子是自回归语言建模，这个例子比前文提到的例子要求都更高，需要在大量数据驱动的情况下展开。例如，在图 5-2-6 中，给出"Nothing is"，基于大量数据，可以给出在横线上的内容是"impossible"，更深层的原因是这两个单词通常在生活中一同出现。

Nothing is ＿＿＿＿

图 5-2-6　自回归语言建模示例

根据过去的单词预测下一个单词的具体过程如图 5-2-7 所示。

图 5-2-7　根据过去的单词预测下一个单词的具体过程

首先给定一些文本语料（Text Corpus），任务是从过去的语料中学习，根据给定的文本预测单词。此外，也可以从右向左，由"is impossible"预测"nothing"，如图 5-2-8 所示。

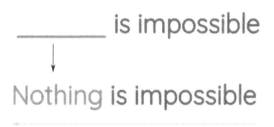

图 5-2-8　从右向左预测单词

　　在 Bert 中，还有一个重要的模型是遮盖语言模型，即为了训练模型有意遮盖部分单词。例如，在图 5-2-9 中，语句中的"brown"和"lazy"用 MASK遮盖，然后在语料库中进行训练，期待可以预测出第一个 MASK 代表"brown"，第二个 MASK 代表"lazy"。这个方法非常有效，令语言模型具备了通过上下文来预测单词的能力。

遮盖语言的词　　A quick [MASK] fox jumps over the [MASK] dog

预测的词　　A quick brown fox jumps over the lazy dog

图 5-2-9　遮盖语言模型

第 6 章　目标检测中的高级技巧

目标检测是深度学习最先落地的应用方向之一，其中使用了很多高级技巧以提升准确度。本章将就重要的几个技巧进行详细讲解，希望能帮助读者朋友登堂入室。

6.1　特征融合

为什么要进行特征融合呢？在深度学习的很多应用中，如目标检测、图像分割等，融合不同尺度的特征是提高性能的一个重要手段。低层特征分辨率更高，包含更多位置等细节信息，但是由于经过的卷积少，其语义性更低，噪声更多；高层特征具有更强的语义信息，但是分辨率很低，对细节的感知能力较差，位置信息较少。如何将两者高效融合，是改善模型的关键。

特征融合分为早融合和晚融合两种方法。其中早融合是首先将多层的特征融合，然后在融合后的特征上训练预测器。注意，早融合是在完全融合后，才统一进行预测／检测。

如何做到融合呢？融合特征的方法比较多样，并不局限于一种。例如，ResNet、FPN 等网络采用"元素维度"的"相加"来融合特征，而 DenseNet 等网络则采用"串接"来融合特征。下面介绍并比较这两种经典的特征融合方法，如图 6-1-1 所示。

（1）"相加"融合方法："相加"是描述图像的特征下的信息量增多了，但是描述图像的维度本身并没有增加，只是每个维度下的信息量在增加，这对最终的图像分类是有益的。

（2）"串接"融合方法："串接"是通道数的合并，也就是描述图像本身的特征数（通道数）增加了，而每个特征下的信息量没有增加。

在"串接"方法中，每个通道直接对应着卷积核；而"相加"形式则是先将对应的特征图相加，然后再进行下一步卷积操作。

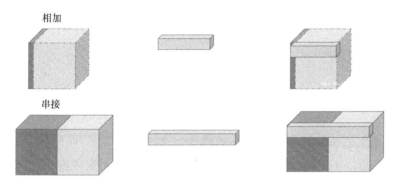

注：彩插页有对应彩色图像。

图 6-1-1　相加和串接融合方法

6.2　DenseNet 与 ResNet

在上一节中，我们回答了"为什么要进行特征融合"这个问题，并且介绍了"串接"和"相加"两种特征融合方法，对特征融合的方式有了比较清晰的了解。

以"串接"为代表的是 DenseNet，以"相加"为代表的是 ResNet，本节先对比 ResNet 与普通卷积网络的性能区别，然后比较 ResNet 与 DenseNet 的异同。

普通卷积网络（DCNN）如图 6-2-1 所示。最初，业界的普遍想法是精度会随着网络的深入而提高。但这种想法并不一定是正确的，因为随着网络的深入，会出现一些性能和准确性问题。最大的问题之一就是梯度消失问题。普通卷积网络是通过计算损失函数的参数导数来训练模型的，但是，随着更多层被添加到神经网络中，损失函数的梯度逐渐接近零。因此，损失函数对激活函数的影响不断减小，使得网络难以训练。虽然有一些标准化技术可以解决此问题，但也只能在中等规模层中解决，而不能在大型层中解决。

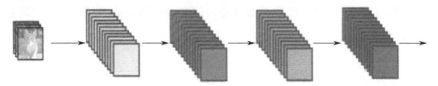

注：彩插页有对应彩色图像。

图 6-2-1　普通卷积网络

在很多书籍和互联网博客上，都是从残余连接的角度分析 ResNet 的，本节将从特征融合的角度来重新看一下 ResNet。如图 6-2-2 所示，在跳过连接后，ResNet 直接将特征与卷积后的特征在元素角度相加（对应位置相加）。

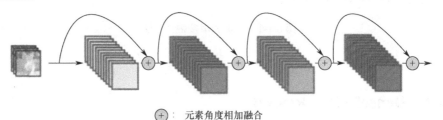

⊕：元素角度相加融合

注：彩插页有对应彩色图像。

图 6-2-2　ResNet

正是因为 ResNet 有了这样的特征融合操作，让后面的层能够获得浅层特征，才能更好地学习参数。同样，梯度也能畅通无阻地通过各"残余块"，保证了损失函数能够把它的影响传递到各层的激活函数，从而实现网络的顺利训练。

如图 6-2-3 所示，图 6-2-3（a）是普通卷积网络的性能，图 6-2-3（b）是 ResNet 的性能，可以明显看出，在 ResNet 中，无论是测试还是训练，错误率都明显降低，极大地提高了普通卷积网络的性能（虚线为训练数据，实线为测试数据）。

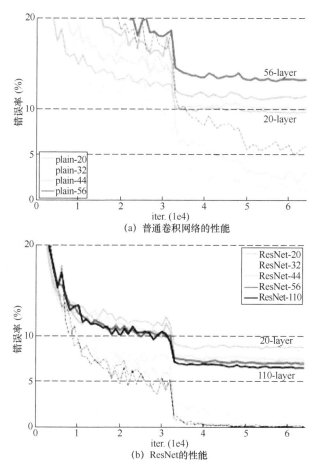

注：彩插页有对应彩色图像。

图 6-2-3　ResNet 相对于普通卷积网络的性能提升

　　相比 ResNet，DenseNet 的跳过连接不仅连接上下层，而且直接实现了跨层连接，每一层都连接到所有前向层，每层获得的梯度都是前面几层的梯度加成，如图 6-2-4 所示。因此，L 层网络具有 $L(L+1)/2$ 个直接连接，这意味着第 l 层 X_l 接收所有前层的特征图作为输入，公式如下：

$$X_l = H_l([X_0, X_1, \cdots, X_{l-1}]),$$

式中，l 表示层数，0 表示初始输入图像；H 表示经过隐藏层。

　　由此可见，DenseNet 实现了特征重用，效率得到提升，体现了特征融合的强大。

DenseNet 中的特征融合与 ResNet 中的特征融合是不同的。DenseNet 中不同层的特征融合方式是"串接",而 ResNet 中不同层的特征融合方式是"相加",ResNet 公式如下:

$$X_l = H_l(X_{l-1}) + X_{l-1} \tag{6-2-1}$$

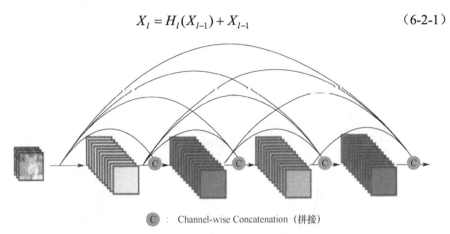

C：Channel-wise Concatenation（拼接）

注：彩插页有对应彩色图像。

图 6-2-4 DenseNet 网络

图 6-2-5 所示是 ResNet 与 DenseNet 的性能比较,图中的左侧图表经过数据增强,右侧图表则未经过数据增强。从图中可以看出,经过数据增强的图表中显示的错误率得到明显降低。同时,对比相同层,DenseNet 的错误率整体低于 ResNet 的错误率。这是因为 DenseNet 的特征融合更加彻底,这也是其性能比 ResNet 更好的根本原因。

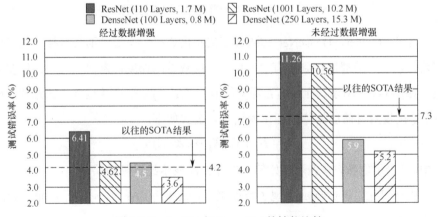

图 6-2-5 ResNet 与 DenseNet 的性能比较

6.3　晚融合及特征金字塔网络

6.1 节和 6.2 节简单介绍了早融合及早融合的两种特征融合方法，本节我们将了解晚融合的概念。

晚融合（Late Fusion）是融合不同层的预测结果，以改进检测性能，换句话说，就是融合之前，在部分层上就开始预测了，最终再将多个预测结果进行融合。这类研究思路的代表有以下两种：

（1）特征不融合，先对多尺度的特征分别进行预测，然后对预测结果进行融合，如 Single Shot MultiBox Detector（SSD）、Multi-scale CNN（MS-CNN）等。

（2）特征金字塔融合，即融合后再进行预测，如 Feature Pyramid Network（FPN）等。

图 6-3-1 所示是目前四种典型金字塔型预测方法，这四种方法各有特点，下面将分别介绍这四种方法并逐步给出特征金字塔网络（FPN）胜出的原因。

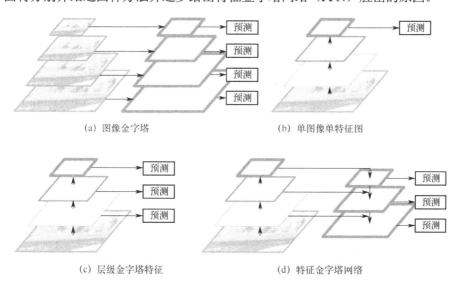

(a) 图像金字塔

(b) 单图像单特征图

(c) 层级金字塔特征

(d) 特征金字塔网络

注：彩插页有对应彩色图像。

图 6-3-1　目前四种典型金字塔型预测方法

图 6-3-1（a）所示是图像金字塔，在传统计算机视觉（如 sift 算法）中经常使用这种方法。它是将图像复制多幅，每幅分别缩小一定尺寸，从小到大，从上而下堆叠，从而构成金字塔，故而得名。这种方法可以实现尺度不变性，对目标检测来说，尺度不变性非常重要。但这种方法有速度慢、消耗大量显存的缺点。为了取得较好的精度，可能会存在 10 个下采样层（图像要 resize 10 次）。但是毋庸置疑的是，近来在 COCO 和 ImageNet 上取得较好成绩的模型都是采用了图像金字塔，本书认为这主要是由于这种金字塔生成的每一层的特征都是强语义的。

图 6-3-1（b）所示是单图像单特征图，与特征化的图像金字塔不同，这种方法直接使用卷积网络的不同特征图。不同层次包含的语义明显不同，浅层特征图只包含低级特征，这对目标识别是不利的，所以一般只使用具有强语义的深层特征，而把前面的浅层特征都抛弃掉，例如，Faster-RCNN 就是采用单图像单特征图。

图 6-3-1（c）所示是层级金字塔特征。它是在每一层特征上做预测，特征由小到大，构成了金字塔的每一层，因此称为层级金字塔特征。由于越浅层特征的语义信息越弱，浅层大尺度的特征语义信息少，故而识别效果差，虽然框出了小物体，但容易错分。例如，SSD 就是使用层级金字塔特征，虽然在原有对应层特征图上做预测不会增加额外的计算开销，但是由于 SSD 没有用到足够的浅层特征，而越浅层的特征对检测小物体越有利，因此 SSD 不利于检测小物体。

图 6-3-1（d）所示是特征金字塔网络（FPN），其中蓝色粗线代表语义更强的特征。通过使用自顶向下的路径，外加横向连接结构，把深层低像素、强语义的特征与浅层高像素、弱语义的特征相结合，目的是建立一个类似图像金字塔的各尺度都是强语义的特征金字塔。

FPN 是本节讲解的重点。如图 6-3-2 所示，输入图像先自底向上做深层卷积操作（与正常卷积相同），每层卷积步长为 2（stride=2），即每层特征图输出宽高都会缩小为输入的 1/2，共 5 层卷积，5 次缩小，总计缩小至原始输入的

1/32，也就是 C5 特征图大小为输入图像的 1/32。FPN 的实现从最高层，即最深层卷积后的特征开始，具体步骤如下：

（1）C5 经过 1×1 卷积做通道变换得到 M5，M5 再经过 3×3 卷积输出 P5。

（2）M5 经过 2 倍向上采样（转置卷积或上采样），同时 C4 经过 1×1 卷积做通道变换，C4 变换结果的通道数与 M5 上采样结果的通道数相同，二者相加得到 M4，M4 再经过 3×3 卷积输出 P4。

（3）M4 经过 2 倍向上采样（转置卷积或上采样），同时 C3 经过 1×1 卷积做通道变换，C3 变换结果的通道数与 M4 上采样结果的通道数相同，二者相加得到 M3，M3 再经过 3×3 卷积输出 P3。

（4）M3 经过 2 倍向上采样（转置卷积或上采样），同时 C2 经过 1×1 卷积做通道变换，C2 变换结果的通道数与 M3 上采样结果的通道数相同，二者相加得到 M2，M2 再经过 3×3 卷积输出 P2。

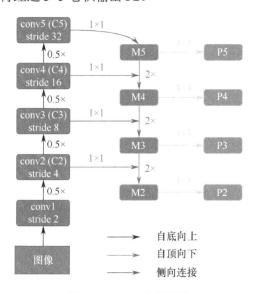

图 6-3-2　FPN 实现过程

以上便是完整的 FPN 实现过程，得到的 P4、P3、P2 用来进行下一步预测。

6.4　YOLOv3 中的三级特征融合

在基于深度学习的目标检测中，YOLOv3 最显著的特征就是三级检测，很多博客和书籍对其都有详细讲解，但他们就 YOLOv3 三级检测的特征融合方面的内容则讲解过少。下面将围绕 YOLOv3 的三级特征融合展开详细讲解。

首先来看 YOLOv2 中的特征融合。YOLOv2 网络结构中有一个特殊的转换层（Passthrough Layer），假设最后提取的特征图大小是 13×13，转换层的作用就是将前面 26×26 的特征图和本层 13×13 的特征图进行堆积，即扩充 26×26 特征图的通道数，改变宽高，而后进行融合，再用融合后的特征图进行检测。这么做的目的是提升算法对小目标检测的精确度。

为了达到更好的效果，YOLOv3 将这一思想进行了加强和改进。YOLOv3 融合 3 个尺度（13×13、26×26 和 52×52）特征，在多个尺度的融合特征图上分别独立做检测，最终对小目标的检测效果提升明显。

YOLOv3 有 0～106 共 107 层。在 82、94、106 层，也就是 13×13、26×26、52×52 尺度上做检测。YOLOv3 的主干网络采用的是 DarkNet-53，这样的结构通过不断卷积等操作，特征图的大小逐渐缩小，最小为输入图像的 1/32（即 32 倍下采样）。YOLOv3 利用其中的 1/32、1/16 和 1/8 大小的特征层作为检测关键特征。从 1/8 大小的特征层（对应 YOLOv3 中的 36 层）开始，一方面继续卷积，由 52×52 下采样得到 26×26 特征；另一方面该层特征经过"路由层"传送到 98 层与后面的深层特征融合。

1. 第一级检测

26×26 特征经过一系列卷积后在 61 层输出，一方面经过"路由层"传送到 86 层与深层特征融合；另一方面继续进行下采样，由 26×26 变换为 13×13，即 1/32 原始图像大小的特征，然后在 79 层输出后与上两层卷积，并且在 82 层进行第一次检测，如图 6-4-1 所示。

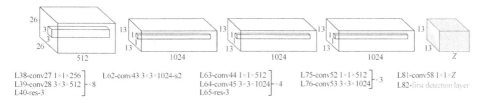

图 6-4-1　YOLOv3 第一级检测（82 层）

2．第二级检测

同时，79 层特征经过"路由层"传送到 83 层，经过一层 1×1 卷积进行通道缩放（对应 84 层），然后做 2 倍上采样操作（对应 85 层），并且与前面 1/16 特征结合，即 61 层经过"路由层"后与 85 层的输出做特征融合并作为新的层（对应 86 层）。融合后的特征再经过几次卷积，在 91 层输出后与上两层卷积，并且在 94 层完成第二级检测，如图 6-4-2 所示。

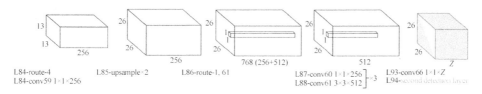

图 6-4-2　YOLOv3 第二级检测（94 层）

3．第三级检测

同时，91 层特征经过"路由层"传送到 95 层，经过一层 1×1 卷积进行通道缩放（对应 96 层），然后做 2 倍上采样操作（对应 97 层），并且与前面 1/8 特征结合，即 36 层经过"路由层"后与 97 层的输出做特征融合并作为新的层（对应 98 层）。融合后的特征再经过几次卷积，在 103 层输出后与上两层卷积，并且在 106 层完成第三级检测，如图 6-4-3 所示。

至此，我们就完成了三级特征融合和三级目标检测，即在三次检测中进行了三次重要的特征融合。

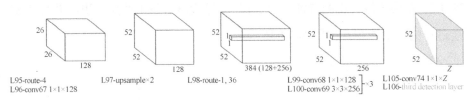

图 6-4-3 YOLOv3 第三级检测（106 层）

6.5 通过多尺度特征图跳过连接改进 SSD 方法

SSD 是比较经典的目标检测方法，但是由于其只利用了 6 层特征图，而且没有融合起来，所以 SSD 检测小目标的效果并不理想。在本节中，我们将使用特征融合的方法，通过多尺度特征图跳过连接改进 SSD。

因为 SSD 目标检测方法的主干网络是 VGG16，所以先对 VGG16 网络进行回顾。VGG16 网络有 16（2+2+3+3+3+3）层，网络结构如图 6-5-1 所示。

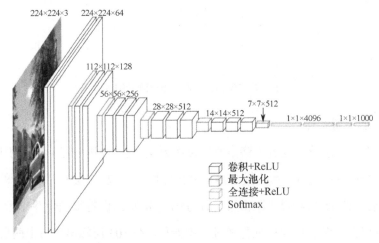

注：彩插页有对应彩色图像。

图 6-5-1 VGG16 网络结构

以 VGG16 为主干网络的 SSD，对原始 VGG16 进行了一些改造。如图 6-5-2

所示，SSD 以第 4 个卷积块的第 3 层 Conv4_3 为开始，将得到的特征用作第一个预测的特征（SSD 中的输入图像大小为 300×300，因此 Conv4_3 的输出为 38×38 特征，与原始 VGG16 此层输出 28×28 特征不同）。Conv4_3 的输出经过第 5 个卷积块的输出特征为 19×19，再经过一个 3×3 且通道为 1024 的卷积层（在原始 VGG16 中，Conv5_3 后接一个全连接，此处用 3×3 卷积替换，然后再接一层 1×1 且通道为 1024 的卷积层）。

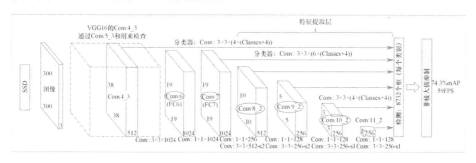

图 6-5-2　SSD 网络结构

由于 SSD 没有进行浅层位置信息和深层语义信息的融合，所以其对小物体目标检测的效果并不理想。

下面对 SSD 进行改造，以提高检测性能。改造思想很简单，就是加上"跳跃"的"Skip-SSD"，即增加特征融合。

图 6-5-3 所示为 Skip-SSD 全局架构。6 个特征图 Conv4_3、fc7、Conv6_2、Conv7_2、Conv8_2、Conv9_2 通过特征融合模块（Feature Fusion Module）进行融合，特征融合模块有 1×1 和 3×3 两个卷积层，以及一个双线性插值 2 倍上采样（Bilinear Interp），然后以"元素角度"的相加融合方式融合。1×1 卷积层保证了两个特征图的通道相同，双线性插值保证了两个特征图的长和宽相同，此后即可进行"相加"式的融合，最后得到融合后的特征结果 Conv4_3_ff、fc7_ff、Conv6_2_ff、Conv7_2_ff。这些融合后的特征可以用来做检测，用来做检测的还有 Conv8_2 和 Conv9_2。

图 6-5-4（a）是特征融合细节，图 6-5-4（b）是输出预测的细节。

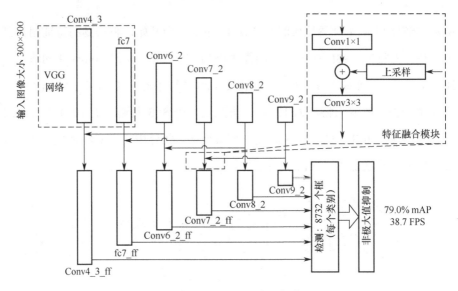

图 6-5-3　Skip-SSD 全局架构

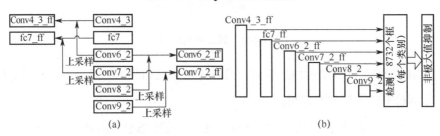

（a）　　　　　　　　　　　　　（b）

图 6-5-4　Skip-SSD 架构细节

　　实验结果表明，Skip-SSD 显著提高了检测性能，并且优于许多最新的物体检测器。当输入图像大小为 300×300 时，在单个 1080 GPU 上以 38.7 FPS 的速度达到 79.0% 的 mAP，同时仍保持实时检测速度，这样的结果是非常出色的。可见，Skip-SSD 可以提供较为出色的检测性能，极大地降低漏掉小物体目标的错误率。

第 7 章　无监督学习

由于人们平时较少接触无监督学习，所以无监督学习可能会被很多人忽略。但实际上，无监督学习是很重要的学习，并且是未来机器学习非常重要的发展方向，也是人工智能非常重要的突破口。

人类最开始学习和认识世界的过程，实际上就是无监督学习。因为人类刚开始对任何事物都没有概念，也没有指导性的标签，只是在不断积累知识的过程中，才逐渐产生了标签概念，所以无监督学习非常符合人类学习新事物的规律。

各种学习方式的对比如图 7-1-1 所示，分为主动学习和被动学习两种情况。

	有老师	无老师
主动学习	强化学习	内在驱动学习、挖掘探索
被动学习	有监督学习	无监督学习

图 7-1-1　各种学习方式的对比

对于主动学习，在没有老师的情况下，就出现了内在驱动学习和挖掘探索。而对于被动学习，如果有老师，就是有监督学习；如果没有老师，就是无监督学习，如常见的聚类和生成模型就是这一类型。

此时就出现了这样的问题，如果我们的目标仅仅是创建能够成功完成各种任务（RL 或监督任务）的智能系统，那么为什么不直接将对应的任务教给它们呢？原因有以下几点：

（1）任务目标／奖励可能很难获得或定义。

（2）无监督学习更人性化。

（3）希望快速概括新任务和新情况。

有监督学习的标签（目标）比输入数据所包含的信息要少得多，RL 奖励信号包含的信号甚至更少；而无监督学习为我们提供了无限量的有关世界的信息。我们不应该利用这一点吗？

下面引用图灵奖获得者杨立昆的名言："如果把'智能'（Intelligence）比作一个蛋糕，那么无监督学习就是蛋糕本体，有监督学习是蛋糕上的糖霜，而强化学习是蛋糕上的樱桃。我们知道如何得到糖霜和樱桃，但不知道怎样做蛋糕。"

目前我们正在探索更好的无监督学习方法，这会是未来机器学习和人工智能领域中非常大的突破。

第 8 章　Transformer 高级篇

在第 3 章中，我们简单了解了 Transformer，本章将进一步介绍更高级的 Transformer 知识。

8.1　计算机视觉中的 Transformer

Transformer 除在自然语言处理中被大规模使用外，在计算机视觉中也大放异彩。例如，目标检测、语义分割、视频理解等领域都有大量 Transformer 应用。应用更为普遍的是 Transformer 中的"注意力机制"，即在第 3 章中讲到的"SENet"。接下来介绍利用"Transformer"解决图像分类问题的方法。

8.1.1　什么是 ViT

读者朋友们在学习本节内容之前，可能或多或少对计算机视觉中的 "Transformer"有所了解。视觉 Transformer 的英文是 Vision Transformer，简写为"ViT"。

首先回顾一下 Transformer 模型的构成部分。Transformer 由编码器和解码器构成。其中编码器的输入为向量序列，这个序列包括文本的"嵌入"和位置信息的"嵌入"之和。而在计算机视觉中，模型输入通常是图像。ViT 就是将图像输入到 Transformer，然后实现图像的分类。

如何将图像输入 Transformer 呢？一种朴素的想法就是把整个图像像素展

平，得到一个大的序列。例如，将 224×224 的图像展开，得到 50176 个像素组成的序列。这种简单粗暴的方法是可行的，但也存在很明显的问题。第一个问题就是序列太长。很显然，这不是一个好方法。

还有一种方法，就是将卷积网络输出的特征图展平作为输入。例如，将 224×224 的图像经过 16 倍下采样的卷积后得到的特征图大小为 14×14=196，这样序列长度为 196，输入 Transformer 就容易得多。这也是一种比较普遍使用的方法。

当然，还可以采用按横纵坐标展开的方法，横坐标展开得到一组序列，纵坐标展开得到另一组序列，这里不再赘述。

但是，ViT 使用的是另外一种方法。该方法类似卷积操作，用一个固定大小的窗口将图像均匀分割成小块，用小块的大小作为一个窗口，然后这些小块构成序列，再将每个小块展开，这样就得到了输入序列。例如，将 224×224 的图像用 14×14 的窗口等分，可以得到 16×16=256 个小块。ViT 过程示意如图 8-1-1 所示。

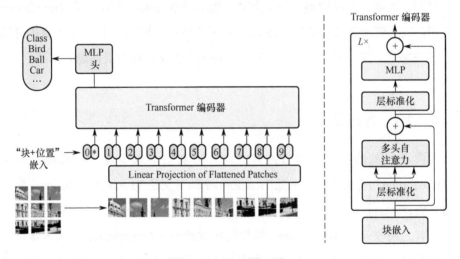

图 8-1-1　ViT 过程示意

ViT 由三个部分组成，分别是：

（1）"Linear Projection of Flattened Patches"：将展开的图像块做线性变换，也称为"块"嵌入。

（2）Transformer 编码器。

（3）全连接头部网络。

具体过程是先将展开的图像块进行线性变换，再输入 Transformer 编码器，然后让输出的特征经过全连接，最后输出分类结果。

8.1.2　ViT 详解

1. 数据处理

在 8.1.1 节中，我们已经知道了 ViT 是通过将图像块展平作为输入的，那么它是如何将图像切分成小块的呢？假设原始图像大小为 $W \times H \times C$；块的大小为 $P \times P$，注意 P 必须能够被 W 和 H 整除。因为切块过程相当于用权重为 1、大小为 $P \times P$ 的卷积核（stride=P）进行卷积操作，并且没有填充操作，所以 P 必须能够被 W 和 H 整除。切块后的块数即为序列长度 N，计算方法如下：

$$N = \frac{W \times H}{P \times P} \tag{8-1-1}$$

切块后，将每个小块展平，得到维度为 P^2 的向量；再按通道拼接，得到的向量维度为 P^2C；至此，图像被处理为长度为 N 的序列，序列中每个向量的维度为 P^2C。

因此，总的输入变为 $N \times (P^2C)$。

2."块"嵌入

"块"嵌入（Patch Embedding），顾名思义是将图像块嵌入指定维度的空间中。"词嵌入"是自然语言处理中的常见操作，那么如何将已经展平的"块"嵌入潜在空间中呢？其实这里的"嵌入"只是对标自然语言处理中的"词嵌入"。在自然语言处理中，"词嵌入"的操作是通过将词汇的"独热"编码乘以一个权重矩阵实现的，这实际上是一种线性变换。因此，这里也通过线性变换来实现"块"嵌入。

如何实现线性变换呢？

将 $N×(P^2C)$ 的输入张量经过一个全连接，把 P^2C 维压缩到 D 维空间，即为线性变换。如果全连接没有非线性激活，则其本质就是线性变换。这里的 N 是序列长度。

"Transformer"的输入还包括位置编码，这是因为它无法捕捉上下文的先后关系。因此，在 ViT 中也需要探讨位置编码。与"Transformer"不同，ViT 的位置编码不是通过余弦的方式实现，而是与"嵌入"一样，通过可以学习参数来实现。但是图像块的位置编码相较于自然语言处理中的位置编码要略微复杂一些，通常包括以下几种方法：

（1）不考虑位置编码，直接输入"块"嵌入。

（2）将图像块序列作为自然语言处理，直接使用一维编码，即按从上到下，从左到右的先后顺序，将第 1 个块编码为 1，第 2 个块编码为 2，直到最后一个块，然后将序号用独热形式经过"嵌入"操作编码。

（3）考虑到图像的二维特性，从二维空间角度编码。例如，可以将每个块分配两个坐标序号，然后对坐标编码。

（4）不仅考虑绝对位置编码，还考虑相对位置编码。

有了位置编码，需要将位置编码与"块"嵌入相加。此外，与 Bert 类似，还要在开始位置增加一个"cls_token"编码。这实际上是个占位符，用可学习的"嵌入"来编码它，以便它在"Transformer"编码器的输出状态中可以用来为输出类别表示提供帮助。因此也必须给"cls_token"一个对应的位置编码。

3．全连接部分

ViT 的编码器部分与"Transformer"的编码器是一样的。它的全连接部分即"MLP"全连接，其结构非常简单，就是全连接激活全连接，如此堆叠，如图 8-1-2 所示。

下面从两个角度将 ViT 与 CNN 进行比较，分析它们各自的优势和劣势。

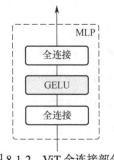

图 8-1-2　ViT 全连接部分

从实用角度看：

（1）ViT 模型逐渐体现出更好的性能，但是通常面临着高昂的计算成本，并且难以训练。

（2）相较于 ViT 类结构，CNN 性能稍差，但是仍然有着独特的优势。例如，CNN 有着更好的硬件支持，并且容易训练。

从信息处理角度看：

（1）ViT 擅长提取全局信息，并且可以在数据驱动下使用注意力机制从不同位置上提取信息。

（2）CNN 专注建模局部关系，并且有着更强的归纳偏置带来的先验信息。

8.2　DeiT：以合理的方式训练 ViT

ViT 虽然在计算机视觉领域发挥了巨大作用，但其存在先天的不足，如优化难、依赖大尺度数据、依赖数据增强、超参敏感等。

在第 4 章中，本书已经讲解了知识蒸馏技术，本节将讲解如何利用知识蒸馏技术应用 ViT。

DeiT[8]是一种针对 ViT 而设计的网络，它的结构与 ViT 基本相同，不同之处是多了一个"蒸馏 token"，同时做了以下改进：

（1）更好的超参设置。

（2）更丰富的数据增强。

（3）知识蒸馏训练。

对于超参设置和数据增强，本书不做过多讲解。下面将就"DeiT"的"知识蒸馏训练"来进行详细讲解。

在 DeiT 中，使用了一个额外的可学习全局标记，称为"蒸馏标记"（Distillation Token）或"蒸馏 token"。为方便阅读，以下统一使用"蒸馏标记"。蒸馏标记通过自注意力与"块"嵌入交互，并且在最后一层由网络输出。DeiT

结构如图 8-2-1 所示。

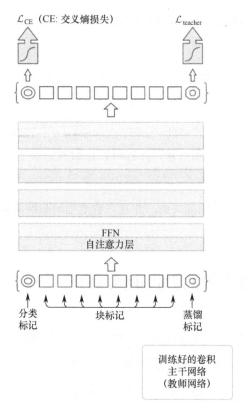

图 8-2-1　DeiT 结构

　　"蒸馏标记"的嵌入允许模型从"教师"模型的输出中学习。"教师"模型使用的是训练好的卷积主干网络。整个过程是将卷积网络特征融合到 Transformer 的自注意力层中，并且在 ImageNet 的 1M 数据集上对其进行训练。

　　此外，DeiT 使用了"跨分辨率修正位置编码"。由于大像素图像与小像素图像在保持相同尺寸的"块"时，图像块的数量是不一样的，即大图像与小图像经过 Transformer 的输入序列长度 N 是不一样的。对 Transformer 来说，它可以处理任意长度的序列（只要显存够大），因此这方面不会有任何影响，但是位置编码会受到影响（可能失效）。为此，根据图像块的位置对位置编码进行了二维插值，这是 ViT 中唯一的归纳偏置（Inductive Bias）。

　　这种蒸馏技术允许模型拥有更少的数据和超强的数据增强，但可能会导致真实标签不精确。在这种情况下,"教师"模型似乎会产生更合适的标签。由此产生的一系列模型,称为"高效数据图像 Transformers"(Data-Efficient image Transformers,DeiTs),其在精度 / 步长时间上与 EfficientNet 相当,但在精度 / 参数效率上仍然落后。

除了知识蒸馏,DeiT 还大量使用图像增强技术来弥补没有可用的额外数据的不足,以及依赖随机深度等数据正则化技术。最终,强大的数据增强技术和正则化技术降低了 ViT(DeiT 是 ViT 的一种实现方式)在小数据机制中过度拟合的趋势。

8.3　金字塔视觉 Transformer

金字塔视觉 Transformer(Pyramid Vision Transformer,PVT)最早是在于 2021 年 2 月 24 日发表的一篇论文中提出的,它是用于密集预测的通用主干网络,其衍生出的一系列模型称为"PVTs"。相比于 ViT 专门用于图像分类的设计,PVT 将金字塔结构引入 Transformer,使得网络可以进行下游的各种密集预测任务,如检测、分割等。因为检测、分割任务集中在像素级别,而分类为单一标签级别,所以相比较而言,检测、分割任务被称为密集预测任务。

PVT 有如下优点:

(1)相比 ViT 的低分辨率输出、高计算复杂度、高内存占用,PVT 不仅可以对图像进行密集划分训练以达到高输出分辨率的效果(这对密集预测很重要),还可以使用一个逐渐缩小的金字塔来降低大特征图的计算量。

(2)PVT 兼具了深度卷积网络和 Transformer 的优点,这使其成为一个通用的无卷积骨干网络,可以直接替换基于深度卷积网络的骨干网络。

(3)PVT 可以提高多种下游任务的性能,如目标检测、语义和实例分割等。例如,在参数量相当的情况下,RetinaNet+PVT 可以在 COCO 上达到 40.4AP,而 RetinNet+ResNet50 只能达到 36.3AP。

接下来看看为什么 PVT 有这些优点,以及 ViT 有哪些不足。

首先，尽管 ViT 在图像分类上得以应用，但它在密集预测任务中却并不适用，主要原因有以下两点：

（1）输出分辨率较低，并且只有单一尺度，输出步幅为 32 或 16。

（2）输入尺寸的增大会造成计算复杂度和内存消耗的大幅增加。

以上两点是由注意力机制的二次计算（先计算注意力系数，再计算注意力结果）和内存复杂性导致的。

为了克服注意力机制的二次计算复杂性，PVTs 采用了一种称为空间缩减注意力（SRA）的自注意力变体，其特点是"键"和"值"的空间缩减。这就像是来自自然语言处理领域的"线条形注意力机制"（Linformer Attention）。通过应用 SRA，特征的空间维度在整个模型中缓慢减小。此外，它们通过在所有 Transformer 块中应用位置嵌入来增强顺序的概念。

综上所述，可以看出 PVT 有以下几点改进：

（1）使用了细粒度的图像块（如每个块大小为 4×4）作为输入来学习高分辨率的特征表示，这对密集预测任务来说很重要。

（2）引入一种逐级收缩的金字塔结构，随着网络深度增加，逐渐减小 Transformer 的序列长度，显著降低了计算量。

（3）使用 SRA 层来进一步降低学习高分辨率表示的资源消耗。

8.3.1 PVT 整体架构

PVT 整体架构如图 8-3-1 所示，从左到右，PVT 有四个阶段，每个阶段生成不同尺度的特征图，并且每个阶段结构相似，都由"块"嵌入层和 L_i 个 Transformer 编码器层组成。

下面以第一个阶段为例来说明 PVT 的实现步骤，其他阶段与之类似。

（1）输入图像的尺寸为 $W \times H \times 3$，将其分解为大小为 $4 \times 4 \times 3$ 的 N 个"块"，其中 $N=WH/16$，16 为"块"尺寸的平方。

（2）将这些"块"展平，进行线性变换得到"块"嵌入，其尺寸为 $N \times C_1$，其中 C_1 表示嵌入的尺寸。

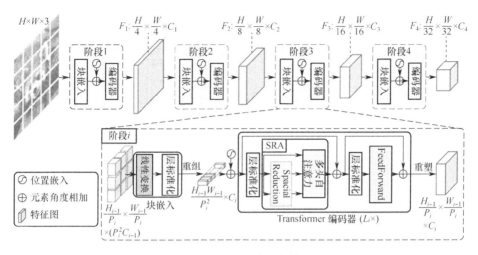

图 8-3-1 PVT 整体架构

（3）将嵌入后的"块"和位置嵌入一同输入该阶段的 Transformer 编码器层。注意，在 Transformer 编码器的多头自注意力机制中，PVT 使用了 SRA，即引入一个缩放系数 R，将特征缩小，从而达到减少计算量的目的。

（4）将输出结果重塑后得到 F_1，尺寸为 $(W/4) \times (H/4) \times C_1$，显然宽高都缩小为原来的 1/4。

按照与第一个阶段相似的方式，可以得到余下三个阶段的输出，其输出步幅分别为 8、16、32，于是便得到了特征金字塔 F_1、F_2、F_3、F_4。这些特征可以轻松用于各种下游任务，如图像分类、目标检测、语义分割等。

与 CNN 的骨干网络通过带有步长的卷积获取多尺度特征图不同，PVT 通过"块"嵌入层使用渐进缩减策略来控制"特征图"的尺寸。对于第 i 阶段，块的尺寸为 P_i，则可以将"特征图"的宽高缩小为原来的 $1/P_i$。按照这种方式，即可在每个阶段灵活调整"特征图"的尺寸，使其可以构造 Transformer 的特征金字塔——"金字塔视觉 Transformer"。

8.3.2 SRA 的实现

在 PVT 整体架构中，实现 Transformer 中多头自注意力机制的时候引入缩

放系数 R 来缩放特征，以降低计算量的过程就是 SRA，如图 8-3-2 所示。

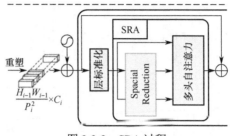

图 8-3-2　SRA 过程

SRA 实现并不复杂。具体实现步骤如下：

（1）输入特征宽高为 W、H，通道数为 C_{i-1}；设置块大小为 P_i。

（2）将特征分块展平，得到的特征数据形状为 $N×D$，其中 $N=WH/P_i^2$，$D=P_i^2 C_{i-1}$，此时数据没变多，也没变少。

（3）通过"块嵌入"（线性变换）对特征进行压缩，得到的特征数据形状为 $(WH/P_i^2)×C_i$，此时数据形状从 $N×D$ 变成 $N×C_i$。

（4）将"块嵌入"结合位置嵌入，它们的和经过"层标准化"，这个过程数据形状不变。

（5）对步骤（4）的结果引入系数 R 做线性变换，线性变换过程的数据形状变化如下：

$$\frac{WH}{P_i^2}×C_i=WH×\left(\frac{C_i}{P_i^2}\right)=\frac{WH}{R^2}×\left(\frac{R^2 C_i}{P_i^2}\right)\xrightarrow{\text{线性变换}}\frac{WH}{R^2}×C_i \qquad （8\text{-}3\text{-}1）$$

式（8-3-1）中的等号仅仅是为了说明数据形状关系，说明为什么线性变换后数据相当于像素压缩。

在实践中通常使用一个卷积核大小为 R，即 stride=R 的卷积操作实现，将特征重塑为 $W×H×(C_i/P_i^2)$，然后通过卷积得到 $(W/R)×(H/R)×C_i$。

8.3.3　PVT 的改进

从 PVT 的架构来看，虽然它有诸多改进，但依旧存在以下不足。

（1）ViT 和 PVT-v1（PVT 的第一个版本，即最早的 PVT）对图像用 4×4

大小的块分割并进行编码，忽略了一定的图像局部连续性。

（2）ViT 和 PVT-v1 都采用固定大小的位置编码，这样对处理任意大小的图像并不友好。

（3）因为使用了多层的 Transformer 编码器，所以计算量仍然很大。

因此，需要进一步改进 PVT 模型。相比于 PVT-v1，PVT-v2 主要改进了以下三个方面。

（1）在块嵌入方面，使用"重叠块嵌入"。

"重叠块嵌入"是指在做块嵌入的时候，输入的图像块用到了该块周边块的信息，如在图 8-3-3（a）中可以清晰地看到 PVT-v1 与 PVT-v2 "块"嵌入的差别。通过利用重叠区域 / 块，PVT-v2 可以获得图像表示的局部连续性。重叠"块"是改进 PVT-v1 的一个简单而通用的想法，特别是对密集任务（如语义分割）而言。

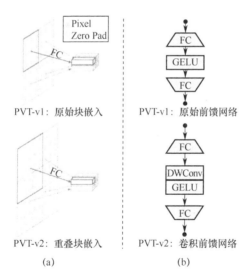

图 8-3-3　PVT-v2 改进部分（1）

（2）使用卷积前馈网络。

使用卷积前馈网络就是在全连接（FC）层之间插入卷积层，这种卷积消除了在每层对固定大小位置编码的需要，如图 8-3-3（b）所示。PVT-v2 模型引入具有零填充的 3×3 深度卷积（DWconv）以补偿模型中位置编码的移除。

改进后，位置编码仅存在于输入上。这种方法可以更灵活地处理多种分辨率的图像。

（3）使用线性复杂度自注意力层。

如图 8-3-4 所示，在自注意力层中，PVT-v2 使用平均池化层加卷积代替 SRA 中的卷积层，自注意力层具有类似 CNN 的复杂性，因此称为"线性复杂度自注意力层"。

$$\text{Attention}(Q, K, V) = \text{Softmax}\left(\frac{QK^{\mathrm{T}}}{\sqrt{d_k}}\right)V$$

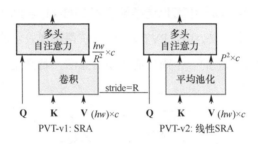

图 8-3-4　PVT-v2 改进部分（2）

8.4　Swin Transformer：使用"移动窗口"的分层 ViT

Swin Transformer 是 Shifted Windows Transformer 的简称，该方法由微软亚洲研究院提出，在多项任务中均提升了 Transformer 模型的性能。首先来看看 Transformer 存在哪些问题，以便有的放矢地讲解 Swin Transformer。

在现有 Transformer 中，存在以下三个问题：

（1）输入 Token 数量是固定的。这在视觉任务中就显得不太合适，因为有各种不同像素的图像。

（2）普遍计算效率不高。这是由于 Transformer 中多头自注意力机制计算效率低而导致的整体效率不高。

（3）在视觉任务中，Transformer 将图像以某个固定窗口分割为不同的"块"，而"块"之间的联系被忽略。

那么 Swin Transformer 是如何解决以上三个问题的呢？

1．解决第一个问题

首先，针对 Token 数量固定的问题，是参考 CNN 的做法。在 CNN 中，某一层的特征图宽高和通道数与层的深浅之间有一定关系。在一般情况下，层数越浅，特征图宽高越大，通道数越少；而层数越深，则宽高越小，同时通道数越多。Swin Transformer 正是通过模仿 CNN 的这一思路解决 Token 数量固定问题的，随着层数加深，逐步减小特征图（Token 数量），同时增加特征图的维度（通道数）。

Swin Transformer 通过逐层将相邻图像块合并的方式实现 Token 数量的改变，具体过程如图 8-4-1 所示。每个窗口包含的相邻 4×4 个像素为一个 Token。从最底层开始，该层的 Token 包含 4×4 的像素信息，向上一层（图中由下至上为输入到输出方向），就由下一层中的相邻 4 个 Token 合并成一个 Token，因此该层每个 Token 都包含了 8×8 的像素信息。再向上一层，继续进行类似操作，相邻 4 个 Token 合并成一个 Token，包含 16×16 的像素信息。具体合并方式是先拼接特征，然后使用一个线性层。这种逐层每个块包含的像素范围越来越大的过程，与卷积过程中感受野逐渐增大的过程有异曲同工之妙。

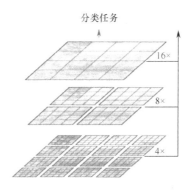

图 8-4-1　Swin Transformer 合并相邻图像块

图 8-4-2 所示为 Swin Transformer 全局结构，每层的 Token 数目、维度、变换规律与 CNN 比较相似，从左到右特征图宽高逐层变小，通道数逐层变大，

137

提取了层次化的特征。Token 感受野逐层增大，这便具有了卷积网络的功能。

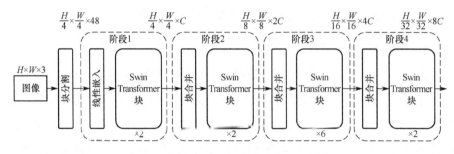

图 8-4-2　Swin Transformer 全局结构

2. 解决第二个问题

针对第二个问题，Swin Transformer 提出了基于窗口的多头自注意力机制（W-MSA），将每个 Token 的注意力范围限定在一个"窗口"中（包含 $M \times M$ 个"块"），如图 8-4-3 所示。

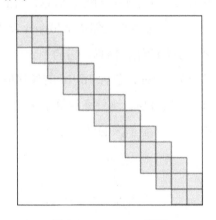

图 8-4-3　W-MSA 示意

现在有图像块 $h \times w$ 个（$h=H/P$，$w=W/P$，即 Token 的数量），每个图像块有 C 个通道，相当于一个长度为 $N=h \times w$ 的序列，序列维度为 C。该序列通过 W-MSA 与通过一般注意力机制（MSA）的计算复杂度对比如下：

$$\Omega(\text{MSA}) = 4hwC^2 + 2(hw)^2 C$$
$$\Omega(\text{W-MSA}) = 4hwC^2 + 2M^2hwC$$

（8-4-1）

当计算一般注意力机制复杂度时，如果不包含 Softmax 计算复杂度，则计算方式为计算 2 次矩阵相乘和 4 次线性变换。

（1）2 次矩阵相乘。一次是计算注意力系数 $N×K$ 与 $K×N$ 的矩阵相乘，计算复杂度为 N^2K；另一次矩阵相乘是注意力系数与序列相乘，即 $N×N$ 与 $N×K$ 相乘，计算复杂度还是 N^2K。这里的 N 表示序列长度，K 表示嵌入维度，在 MSA 中对应 $N=hw$，$K=C$，因此计算复杂度为 $2(hw)^2C$。

（2）4 次线性变换。每次变换都是从 C 到 C 的线性变换，复杂度均为 hw，共 $4hwC^2$ 次。

对于 W-MSA，线性变换计算复杂度与一般注意力机制完全相同，但在计算注意力的时候则不同。由于对每个 Token 而言，只需要计算它所在窗口内 M 个 Token 之间的注意力即可，因此只需计算 $2M^2C$ 次，每个 Token 需要计算一次，共 hw 次，所以共 $2M^2hwC$ 次；而通常 M^2 远远小于 hw，所以这种方法降低了计算量。

3．解决第三个问题

针对第三个问题，Swin Transformer 通过如图 8-4-4 所示的移动窗口（Shifted Windows）解决方案解决。在 L 层（左）中，采用规则窗口划分方案，并且在每个窗口内计算自注意力。在 $L+1$ 层（右）中，窗口分区被移动，窗口位置和宽高都改变了，从而产生了新的窗口。新窗口中的自注意力计算跨越了 L 层中之前窗口的边界，提供了它们之间的连接。图 8-4-4 中右侧图像虚线框对应左侧图像窗口的框，可见 $L+1$ 层中的窗口跨越了之前窗口的 Token，这使得原本对于第一个窗口靠右的一些 Token 可以与之前不在同一个窗口的 Token 产生注意，这就让图像"块"之间产生了联系。

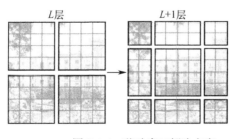

图 8-4-4　移动窗口解决方案

这种移动窗口解决方案达到了全局建模的目的。此外，特征图的空间维度也已显著降低。这种方法在进行注意力机制计算的时候，还增加了相对位置偏置，后续实现也证明了相对位置编码的加入提升了模型的性能。

8.5 视觉 Transformer 的自监督训练：DINO

Transformer 在视觉领域异军突起，但还不够优秀。首先回顾一下 Transformer 为什么在自然语言处理领域中有那么优秀的表现呢？不难发现，在自然语言处理领域中，或多或少地利用了自监督学习机制。那么自监督学习在 ViTs（Transformer 在视觉中的各类网络）中是不是也能有意想不到的效果呢？如何利用自监督进一步发挥 Transformers 的性能呢？

首先，自监督 ViT 特征包含有关图像语义分割的明确信息，这在监督 ViT 和卷积网络中没有那么明显；其次，自监督 ViT 特征也是优秀的 k-NN 分类器，在 ImageNct 上以较小的 ViT 为例，分类效果达到 78.3%的 Top-1 准确率。此外，还有研究强调了动量编码器、多裁剪（Multi-crop）训练及使用带有小图像块的 ViT 的重要性。将以上这些发现应用到一种简单的自监督方法中，就称为 DINO。

在 DINO 中如何利用自监督学习呢？DINO 结构利用了知识蒸馏原理。读者朋友一定会困惑，为什么一会是自监督学习，一会是知识蒸馏呢？这里说明一下，DINO 使用的训练框架是一种"知识蒸馏"框架，这是一种通用学习范式，与是否自监督学习无关。自监督学习不需要人工标注的标签来实现学习，而是采用数据天然的"标签"完成训练，与是否使用知识蒸馏无关。

8.5.1 DINO 架构

DINO 训练架构如图 8-5-1 所示，注意这里的"学生"网络（或称模型）和"教师"网络（或称模型）都是 ViT 架构，左边的"学生"网络是一个完整的 ViT；而右边的"教师"网络除网络结构完全一样外，还增加了"中心化"和"sg"，其中"中心化"表示输出数据在训练过程中先进行"中心化"操作，"sg"表示不做反向传播。

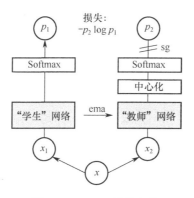

图 8-5-1　DINO 训练架构

下面说明 DINO 的实现过程。

（1）使用多裁剪策略构建图像的不同程度的形变视图或裁剪（这是一种数据增强方法）；更准确地说，是给定一幅图像 x，将图像经过一系列裁剪等变换。变换后的图像分为两种，一种颗粒度小，即图像被裁剪得很小，只包含局部信息，称为局部图像；另一种被裁剪得很大，包含图像大部分区域或完整图像，称为全局图像。然后将变换的图像分配到两个集合 A、B 中，其中全局图像只分配给集合 A，全局图像和局部图像分配给集合 B，这样对于一幅图像就得到两个集合。

（2）"学生"网络接收所有图像输入，"教师"网络只接收全局图像输入。这种思想类似"管中窥豹"，即让"学生"网络尽最大可能根据小块猜测全部图像。

（3）"教师"网络参数使用"学生"网络的参数初始化。

（4）"教师"网络经过"中心化"输出并经过 Softmax，该输出为 Transformer 编码器中"cls_token"对应的输出，它是一个 K 维向量，做 Softmax 就是得到全局图像在嵌入空间中分布式表示的一个分布情况。"学生"网络的输出不需要"中心化"，直接经过 Softmax。注意，这里的 Softmax 都是使用蒸馏温度的，因为需要学习到特征在嵌入空间分布中的差异性，所以"教师"网络的蒸馏温度值比"学生"网络的蒸馏温度值小。"学生"网络设置的温度值大，是为了能够更加拟合"教师"网络，同时更强调对不突出的特征之间的差异的学习。

（5）用"教师"网络的 Softmax 结果作为软标签，与"学生"网络输出结果计算交叉熵损失函数，然后反向传播，更新"学生"网络。

（6）每轮训练后，按照一定规则更新"教师"网络的权重。

8.5.2　中心化和"教师"网络权重更新

这里的中心化并不是归一化或标准化，而是用输出结果加上一个 C，C 是批次输出的指数移动平均，公式如下：

$$g_t(x) = g_t(x) + C \tag{8-5-1}$$

式中，

$$C = mC + (1-m)\frac{1}{B}\sum_{i=1}^{B} g_t(x_i)$$

C 的初始值为第一个批次的平均。这样中心化的目的就是在每个批次上做平滑处理，这是一种平均机制，是空间上的平均。

因为"教师"网络不做反向传播，所以"教师"网络的权重是无法学习的，只能更新网络权重，公示如下：

$$\theta_t = \lambda\theta_t + (1-\lambda)\theta_s \tag{8-5-2}$$

式中，下标 t 表示"教师"网络；s 表示"学生"网络。可见"教师"网络的权重是"学生"网络权重在时间上的指数移动平均。

在 8.5.1 节中，我们通过 Softmax 尽最大可能学习的是图像通过编码器后在嵌入空间中分布的差异，而此处又尽量保持平均。这是一种类似于对比学习的平衡。

8.5.3　DINO 代码实践伪码和效果展示

DINO 代码实践已经开源在 github 上，下面以伪码的形式来讲解其实现过程。

（1）按照 8.5.1 节 DINO 实现步骤中的（1）和（2）两个步骤，将图像裁剪，全局图放在集合 A 中，集合 B 中有全局图和局部图。

（2）初始化参数，"教师"网络的初始参数与"学生"网络的参数是一样的，即将"学生"网络的初始参数赋值给"教师"网络。

（3）加载数据，即"augment(x)"。这里的 $x1$ 和 $x2$ 分别对应 A 和 B 两个集合，对于"教师"网络，集合 B 中的全局图像会被挑选出来作为输入。看起来二者输入相同，但实际上表示的是集合。

（4）计算输出。"学生"网络输出为 $s1$、$s2$，"教师"网络输出为 $t1$、$t2$；然后分别计算 $t1$ 与 $s2$ 的交叉熵，$t2$ 与 $s1$ 的交叉熵，再求二者的均值作为新的损失函数。

为了提高训练效率，需要同时计算两个交叉熵。假设 $x1$ 来自全局图像集合 A，$x2$ 来自集合 B，对"教师"而言，$x2$ 是全局图像，但对"学生"而言，$x2$ 可能是局部图像。"学生" $x1$ 的图像和"教师" $x2$ 的图像虽然都是同一个图像的全局图像，但二者是有一定差异的，可以说有部分交集，这是为了让"学生"根据交集去猜测整体，而"教师"能起到纠正作用，这就是 $s1$ 与 $t2$ 对比的原因。而 $t1$ 与 $s2$ 对比，即"学生"的 $x2$ 与"教师"的 $x1$ 是来自同一图像中的局部（集合 B 中的部分）与全局图像结果比较，这种做法是为了让模型能够学习"管中窥豹"，训练其由部分联想整体的能力。

（5）反向传播。注意，在损失函数 H 的计算中，对"教师"网络的输出 t 用的是"detach()"，即新拆分的数据，这是为了不对"教师"网络做反向传播。

（6）更新"学生"网络的权重，再根据"学生"网络权重更新"教师"网络权重。

（7）计算中心化参数 C，进入下一个循环。

DINO 实现过程的伪码如下。

```
# gs, gt: "学生"和"教师"网络
# C: 中心化 (K)
# tps, tpt: "学生"和"教师"网络的蒸馏温度
# l, m: 网络中心化和动量率
```

```
gt.params = gs.params

for x in loader: # 加载具有 n 个样本的小批量 x

x1, x2 = augment(x), augment(x) # 随机视图

s1, s2 = gs(x1), gs(x2) # "学生"网络输出 n-by-K

t1, t2 = gt(x1), gt(x2) # "教师"网络输出 n-by-K

loss = H(t1, s2)/2 + H(t2, s1)/2

loss.backward() # 反向传播

# 更新"学生"网络、"教师"网络权重和中心化参数

update(gs) # SGD

gt.params = l*gt.params + (1-l)*gs.params

C = m*C + (1-m)*cat([t1, t2]).mean(dim=0)

def H(t, s):

t = t.detach() # "教师"网络不进行反向传播更新

s = Softmax(s / tps, dim=1)

t = Softmax((t - C) / tpt, dim=1) # 中心化 + 锐化

return - (t * log(s)).sum(dim=1).mean()
```

图 8-5-2 所示为 DINO 头部注意力可视化，即 DINO 输出 "cls_token" 编码处理后的特征图，可见其效果非常不错，能够清晰地捕捉图像中对象的轮廓。

注：彩插页有对应彩色图像。

图 8-5-2　DINO 头部注意力可视化

图 8-5-3 所示是 DINO 与有监督学习效果对比。

通过对比可以发现，有监督学习对物体轮廓的学习并不是很好，这是因为，通常有监督学习都是根据人工标注的标签来训练模型的，而人工标注的标签通常都是特定关注的标签，而实际图像中不仅存在人工要关注的标签，同时还存在大量其他非人工关注的物体。由于这些物体是有监督学习不需要关注的，因此它的损失函数只需要学习到指定标签就不再继续下降了，这导致模型更"懒"。例如，学校里有小明和小红两个学生，有监督学习是小明，老师逼着他学习，指定作业完成后，小明就不学了，这样小明学的知识就只局限于老师教的；而自监督学习是小红主动去学习，除了老师教的知识，她还博览群书。

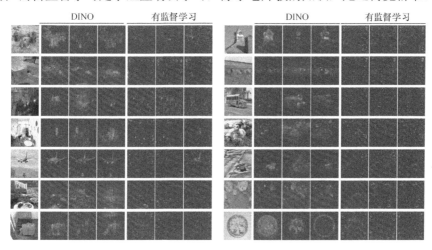

注：彩插页有对应彩色图像。

图 8-5-3　DINO 与有监督学习效果对比

8.6　缩放视觉 Transformer

深度学习离不开缩放。事实上，缩放是深度学习最先进技术的关键组成部分之一。谷歌研究院提出了 Scaling Vision Transformers，简称 ViT-G，该模型是用 30 亿数据训练了 20 亿个参数的一个微调的 ViT 模型，其在 ImageNet 上达到了 90.45%的 Top-1 准确率。如果将这种过度参数化的"野兽"的泛化在少样本学习上进行测试，当每类只有 10 个样本时，它在 ImageNet 上达到了 84.86%

的 Top-1 准确率，如图 8-6-1 所示。

K-shot 少样本学习是指用极其有限的样本对模型进行微调，每类只有 K 个样本。少样本学习的目标是通过将获得的预训练知识稍微适应特定任务来激励泛化。如果成功地预训练了大型模型，那么在对下游任务的理解非常有限的情况下，效果表现良好是有非凡意义的。

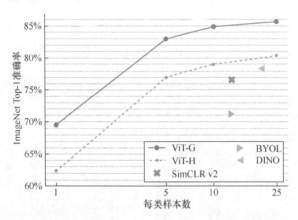

图 8-6-1　ViT-G 在 10-shot 数据上的测试性能

以下是 ViT-G 模型的核心贡献和主要成果。

（1）将模型、计算次数、数据量同时放大可以提升模型的表示能力。

（2）模型的大小会影响其表示能力，因为大型模型参数更多，所以需要足够多的数据来供它训练。

（3）大型模型受益于额外的监督数据，甚至是超过十亿像素级别的图像。

从 300M 图像数据集（JFT-300M）切换到 30 亿图像数据集（JFT-3B），无须进一步缩放。

8.7　一些有趣的进展

近些年来，Transformer 火爆了。在视觉领域中，Transformer 一路"过关斩将"，从分类到检测，再到分割，屡次"吊打"ResNet 等众多经典神经网络，对 CV 任务也可谓是"降维打击"。此处论述一些行业进展，抛砖引玉，希望帮助读者取得更好的学习效果。

8.7.1　替代自注意力机制

Attention is not all you need 一文对 Transformer 中的自注意力机制进行了探讨。那么是否能够替换掉自注意力机制呢？答案是可以的。

一种替代方式是 MLP-混合器。MLP-混合器（MLP-Mixer）是 GoogleViT 团队提出的一种 CV 框架，使用全连接来代替传统 CNN 中的卷积操作（Conv）和 Transformer 中的自注意力机制，在 ImageNet 上接近近年来的 SOTA 成绩。

MLP-混合器主要包括全连接层、混合层（Mixer Layer）、分类器三个部分。

1．全连接层

全连接层的具体实现步骤如下：

（1）将图像不重叠地分割为 $S×S$ 个网格，每个网格为一个图像块。

（2）展平每个图像块，然后将展平的块输入全连接层（MLP），输出长度为 C 的一维特征向量。

（3）得到 $S×S×C$ 的"表"（Table）。

同一层的图像块对应的全连接层权重相同（共享权重）。

例如，输入图像形状为 240×240×3，模型选取 S=16，即"块"形状为 16×16，那么一幅图像就可以划分为(240×240)/(16×16)=225 个块。图像的通道数为 3，则每个"块"对应 3 个通道，即 16×16×3=768 个元素，将"块"展平作为 MLP 的输入，其中 MLP 的输出层神经元个数为 128。这样，每个"块"就可以得到长度为 128 的特征向量，组合得到 15×15×128 的"表"。MLP-混合器中的"块"大小和 MLP 输出单元个数为超参，可以根据具体任务调整。

2．混合层

先观察前面的全连接结果，细心的读者一定会发现，全连接结果中的每一行对应一个位置（块），它实际上是把同一位置（块）上的图像进行了通道混合，这样就融合了通道信息。在卷积神经网络中，通常使用 1×1 的卷积实现通道融合（大一点的卷积核可以同时实现空间和通道融合）。全连接结果中的每一列对应所有位置输出向量的一个维度的信息，如果对列操作就实现了空间融合。

混合层结构如图 8-7-1 所示。图中有两处"MLP"，第一处"MLP1"是对"表"的行进行操作，即得到"表"的行；第二处是"MLP2"，在图中可以看出，跳过连接操作的前一步是转置操作（"T"表示转置），这样"MLP2"就是对"表"的列进行操作。注意，无论是"MLP1"还是"MLP2"，其内部都是共享权重的。

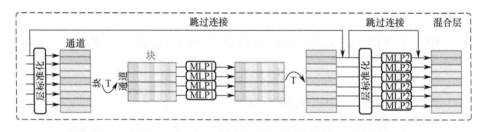

图 8-7-1　混合层结构

混合层通过使用 MLP，先后对行、列进行映射，实现了空间域和通道域的信息融合。与传统卷积不同的是，混合层用 MLP1 和 MLP2 将空间域和通道域分开操作，这种思想与 Xception 和 MobileNet 中的深度可分离卷积相似。

而 Transformer 中实现空间和通道信息融合是先通过自注意力机制实现空间信息融合，然后再通过全连接实现通道信息融合。

3．分类器

分类器就是经典的深度卷积网络的分类操作，即"全局平均池化＋Softmax"。

实际上，MLP-混合器中的全连接操作与卷积操作有着异曲同工之妙，在一定程度上可以说二者等价。例如，如果将图像划分为 16×16 的块，因为 MLP-

混合器全连接权重共享，所以就相当于一个 16×16 的卷积核，即 stride=16 的操作。那么是否可以把图 8-7-1 中从"图像块"到"MLP"，再到输出这个过程替换为卷积操作呢？这里起重要作用的是否就是转置操作呢？验证部分就交给读者朋友们亲自实践了。

8.7.2　多尺度视觉 Transformer（MViT）

CNN 主干架构受益于通道数的逐渐增加，同时减少了特征图的空间维度。同样，多尺度视觉 Transformer（Multiscale Vision Transformers，MViT）利用了将多尺度特征层次结构与 ViT 模型相结合的想法。在实践中，从最初的具有 3 个通道的图像开始，逐渐（分层）扩展通道容量，同时降低空间分辨率，最终创建了一个多尺度的特征金字塔。

为什么要采用这样的模型呢？简单说，MViT 是用来处理视频的模型，因为视频除了宽、高、通道，还有很多帧数，所以视频会得到很长的序列。MViT 通过不断地进行池化操作，让数据尺寸变小，但增加了通道数。这样可以让图像块足够小，但保存的信息足够多。MViT 过程示意如图 8-7-2 所示。

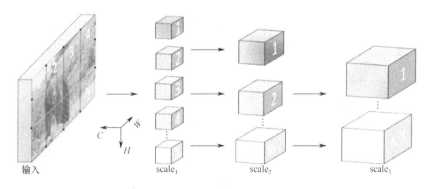

图 8-7-2　MViT 过程示意

MViT 的架构非常简单，它的核心模块是多头池化注意力（Multi Head Pooling Attention，MHPA）。MHPA 的架构与多头自注意力很相似，但多了几处池化操作。在输入向量并经过线性变换后，都需要经过一次池化，得到池化后的"查询""键""值"；后面的操作与多头自注意力没有区别。在跳过连接的时候，为了保持维度对齐，对输入向量也经过一次池化。

基于多头池化注意力机制，便可以构建 MViT 了，整个过程的实现包括五个阶段，如图 8-7-3 所示。

（1）缩放阶段。缩放阶段定义为一组 N 个 Transformer 块，在相同的尺度上跨通道和时空维度以相同的分辨率运行。在阶段转换时，通道维度采用上采样，而序列的长度采用下采样。在图 8-7-3 中，宽高分别为 W 和 H。第一阶段对应的是"cube$_1$"，这个阶段实际上就是 ViT，只不过块大小为 4×4；同时做池化，序列方向池化的步长为 S_T，所以序列长度为 T/S_T。因为这个阶段是分块阶段，所以不需要池化。后面各"scale"则需要对每个块做池化，整体池化尺度为 1×2×2。

阶段	操作	输出尺寸
数据层	stride $\tau \times 1 \times 1$	$D \times T \times H \times W$
cube$_1$	$c_T \times c_H \times c_W, D$ stride $s_T \times 4 \times 4$	$D \times \dfrac{T}{s_T} \times \dfrac{H}{4} \times \dfrac{W}{4}$
scale$_2$	$\begin{bmatrix} \text{MHPA}(D) \\ \text{MLP}(4D) \end{bmatrix} \times N_2$	$D \times \dfrac{T}{s_T} \times \dfrac{H}{4} \times \dfrac{W}{4}$
scale$_3$	$\begin{bmatrix} \text{MHPA}(2D) \\ \text{MLP}(8D) \end{bmatrix} \times N_3$	$2D \times \dfrac{T}{s_T} \times \dfrac{H}{8} \times \dfrac{W}{8}$
scale$_4$	$\begin{bmatrix} \text{MHPA}(4D) \\ \text{MLP}(16D) \end{bmatrix} \times N_4$	$4D \times \dfrac{T}{s_T} \times \dfrac{H}{16} \times \dfrac{W}{16}$
scale$_5$	$\begin{bmatrix} \text{MHPA}(8D) \\ \text{MLP}(32D) \end{bmatrix} \times N_5$	$8D \times \dfrac{T}{s_T} \times \dfrac{H}{32} \times \dfrac{W}{32}$

图 8-7-3　MViT 实现过程

（2）通道扩张。当从一个阶段过渡到下一个阶段时，通过增加前一阶段最终 MLP 层的输出来扩展通道维数，这与该阶段引入的分辨率变化相关。例如，时空分辨率降低为原来的 1/4，那么通道数需要增大 2 倍。在"scale$_3$"中，N_3 表示 Transformer 块的数量。输入尺寸为 $D \times (T/S_T) \times (H/4) \times (W/4)$，经过 MHPA，步长为 2 的池化下采样，得到 $2D \times (T/S_T) \times (H/8) \times (W/8)$，但经过 MLP 层，输出变成 $8D \times (T/S_T) \times (H/8) \times (W/8)$，然后重塑为 $2D \times (T/S_T) \times (H/4) \times (W/4)$，再经过 MHPA 和 MLP，如此操作 N_3 次。在最后一次的 MLP 中，输出需要扩张 2 倍，即输出为 $2D \times (T/S_T) \times (H/8) \times (W/8)$。注意，每个 scale 仅最后一次 MLP 输出通道为其他 MLP 的 2 倍。但是"scale$_2$"并没有做池化，或者说池化步长为 1×1×1。注意，在每个"scale"中，只有第一个池化步长为 1×2×2，其他都是 1×1×1。

（3）"查询"的池化操作。在每个 MHPA 内部的多头自注意力机制过程中加入池化操作。

（4）"键–值"的池化操作。与"查询"的池化操作不同，这个操作很好理解，因为"键"的序列长度要与"值"对应，并且与"查询"也能对应。

（5）跳过连接层。

把具体的数据代入图 8-7-3，结果如图 8-7-4 所示。

阶段	操作	输出尺寸
数据	stride 4×1×1	16×224×224
cube$_1$	3×7×7, 96 stride 2×4×4	96×8×56×56
scale$_2$	$\begin{bmatrix} \text{MHPA(96)} \\ \text{MLP(384)} \end{bmatrix} \times 1$	96×8×56×56
scale$_3$	$\begin{bmatrix} \text{MHPA(192)} \\ \text{MLP(768)} \end{bmatrix} \times 2$	192×8×28×28
scale$_4$	$\begin{bmatrix} \text{MHPA(384)} \\ \text{MLP(1536)} \end{bmatrix} \times 11$	384×8×14×14
scale$_5$	$\begin{bmatrix} \text{MHPA(768)} \\ \text{MLP(3072)} \end{bmatrix} \times 2$	768×8×7×7

阶段	操作	输出尺寸
数据	stride 4×1×1	16×224×224
cube$_1$	3×8×8, 128 stride 2×8×8	128×8×28×28
scale$_2$	$\begin{bmatrix} \text{MHPA(128)} \\ \text{MLP(512)} \end{bmatrix} \times 3$	128×8×28×28
scale$_3$	$\begin{bmatrix} \text{MHPA(256)} \\ \text{MLP(1024)} \end{bmatrix} \times 7$	256×8×14×14
scale$_4$	$\begin{bmatrix} \text{MHPA(512)} \\ \text{MLP(2048)} \end{bmatrix} \times 6$	512×8×7×7

图 8-7-4 MviT 实现结果举例

8.7.3 完全基于 Transformer 的视频理解框架

大多数应用 Transformer 进行视频分类的模型都同时使用 CNN 与 Transformer，其中 CNN 用于提取每帧图像的空间特征，Transformer 用于处理视频序列的时间特征。

但是众所周知，CNN 有局部区域聚合和平移不变性等特点，这就导致了 CNN 具有极强的归纳偏置，即一些强的局部特征会将整体特征分别拉平。尤其是当拥有海量数据时，这个问题越发明显。因此，CNN 适合用来处理短期局部特征，不适合用来提取序列的特征。Transformer 擅长处理序列，但其在计算自注意力机制时的计算资源消耗过大。

那么有没有更好的方式将 Transformer 应用在大视频分类中呢？答案是肯定的。

2021 年年初，Facebook AI 提出了 TimeSFormer，其全称是 Time-Space Transformer。顾名思义，它是先在时间尺度上做自注意力机制计算，然后在空间尺度上做注意力机制计算。这是一款完全基于 Transformer 的视频理解框架，它被普遍用在视频分类中，并且取得了不错的成绩。

传统的视频分类模型使用三维卷积核提取特征，而 TimeSFormer 是基于 Transformer 中的自注意力机制提取特征，这使得它能够捕捉到整段视频中的时空依赖性。该模型将输入的视频看作是从各帧中提取的图像块的时空序列，以便使用 Transformer。

该方法与 NLP 中的用法非常相似。在 NLP 中，Transformer 中的自注意力机制将每个词与句子中的所有词进行比较，以推断每个词的含义。同样，TimeSFormer 将每个图像块的语义与视频中的其他图像块进行比较，以获取每个图像块的语义，从而可以同时捕获到邻近图像块之间的局部依赖关系，以及远距离图像块的全局依赖性。

8.7.4　语义分割中的 ViT（SegFormer）

在 Transformer 的各种进展中，比较有意义的莫过于它在分割领域的应用，因为分割在目标检测、自动假设、自动抠图等各领域涉及颇广。SETR 第一个用 ViT 作为编码器来尝试做语义分割，并且取得了很好的效果。这其实迈出了重要的一步，说明了 Transformer 在语义分割上潜力很大，使用 Transformer 的性能上限可以很高。

在分割任务中，通常采用的是编码器—解码器结构，SERT 也不例外。SETR 过程非常简单，它采用 ViT 作为编码器，并且结合多个 CNN 解码器来提高特征分辨率。

但是 SERT 的缺陷也十分明显，主要体现在以下几个方面。

（1）ViT 的参数和计算量很大，参数在 300M 以上，不太适合移动端或终端设备应用。

（2）ViT 是柱状结构，是将图像块展平当作序列处理，只能输出固定分辨率的特征图，如 1/16。这么低的分辨率对语义分割并不合适，尤其是对轮廓等细节要求比较精细的场景。因此，ViT 结构不适合用于语义分割。

（3）ViT 的结构意味着一旦增大输入图像或缩小"块"大小，计算量都会成平方级提高（$H/P \times W/P$），从而占用大量显存。

（4）因为 ViT 使用的是固定分辨率大小的图像，所以位置编码比较固定。但是语义分割在测试时，往往图像的分辨率不是固定的，这时可以选择对位置编码做双线性插值，而这会导致性能降低；否则只能做固定分辨率的滑动窗口测试，而这样做不仅低效而且死板。

2021 年，NVIDIA 提出了一个简单、高效，但功能强大的语义分割框架 SegFormer，它将 Transformer 与轻量级全连接（MLP）解码器结合起来使用。SegFormer 有两个值得注意的特点。

（1）SegFormer 包含一个新的层次结构的 Transformer 编码器，输出多尺度特征。它不需要位置编码，因此就不用对位置编码做插值。

（2）SegFormer 简化了解码器，它使用 MLP 解码器从不同层聚集的信息，从而可以结合局部注意和全局注意来呈现强大的表示。

SegFormer 在三个公开可用的语义分割数据集中的效率、准确性和鲁棒性均创下了最新记录，如图 8-7-5 所示为其在 ADE20K 数据集上的表现。

下面讲解 SegFormer 框架中的两个主要模块。

1. 分层 Transformers 编码器

SegFormer 设计了一系列的"混合 Transformer（Mix Transformer）编码器"（MiT），从 MiT-B0 到 MiT-B5，它们具有相同的结构，但尺寸不同。MiT-B0 是用于快速推理的轻量级模型，而 MiT-B5 是用于最佳性能的最大模型。设计的 MiT 部分灵感来自 ViT，但针对语义分割进行了定制和优化。

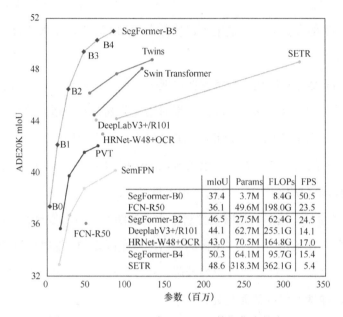

图 8-7-5　SegFormer 在 ADE20K 数据集上的表现

分层 Transformers 编码器正是由"混合 Transformer 编码器"构成的，其结构如图 8-7-6 所示。从图中可以看出，分层 Transformers 编码器由多个 Transformer Block 组成，每个 Block 由 Efficient 自注意力机制和混合前馈网络（Mix-FFN）堆叠 N 次，然后在最后一次经过重叠块合并操作，输出的张量在经过 4 个这样的 Block 后进入解码器阶段。

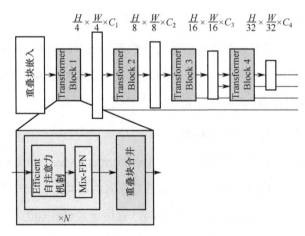

图 8-7-6　分层 Transformers 编码器结构

2. 轻量级全 MLP 解码器

SegFormer 集成了一个仅由 MLP 层组成的轻量级解码器，从而避免了使用在其他方法中常用的手工制作和计算要求很高的组件。实现这种简单解码器的关键是分层 Transformers 编码器比传统的 CNN 编码器具有更大的有效感受野（ERF）。

轻量级全 MLP 解码器结构如图 8-7-7 所示。

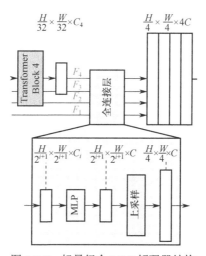

图 8-7-7 轻量级全 MLP 解码器结构

最后，来看看 SegFormer 的感受野。为什么要分析它的有效感受野呢？因为对于语义分割，保持大的感受野有助于捕获像素的上下文信息，根据上下文信息，能更好地对图像进行分类。

图 8-7-8 展示了 DeepLabv3+和 SegFormer 编码器的 4 个阶段及解码器头部的有效感受野，观察结果如下。

（1）即便在最深的第 4 阶段，DeepLabv3+的有效感受野也相对较小。

（2）SegFormer 的编码器在较低的阶段能够自然地产生局部关注，类似于卷积；同时在第 4 阶段能够输出高度非局部关注，有效捕获上下文信息。

（3）从放大图可以看出，头部（蓝色框）的有效感受野与第 4 阶段（红色框）不同，除了非局部注意，局部注意明显更强。

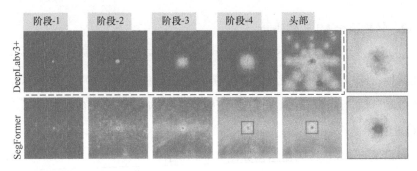

注：彩插页有对应彩色图像。

图 8-7-8　有效感受野比较

　　究其原因，是因为解码器的设计得益于分层 Transformers 中的非局部关注，并且在不复杂的情况下获得了更大的感受野。然而，同样的解码器设计在 CNN 主干网络上并不适用，因为在第 4 阶段，总体感受野（Overall Receptive Field）的上限是有限的。更重要的是，SegFormer 的解码器设计基本上利用了基于 Transformer 的特征图，这种特征图可以同时产生高度的局部和非局部关注，通过统一它们，接下来的 MLP 解码器通过添加少量参数就能呈现互补的和强大的表示。这是促使 SegFormer 设计的另一个关键原因。

　　MLP 解码器在 CNN 和 Transformer 中的效果对比如图 8-7-9 所示，可以看出，只从第 4 阶段的非局部关注并不足以产生良好的结果。

"S4" 指阶段4的特征

Encoder	Flops ↓	Params ↓	mIoU ↑
ResNet50 (S1-4)	69.2	29.0	34.7
ResNet101 (S1-4)	88.7	47.9	38.7
ResNeXt101 (S1-4)	127.5	86.8	39.8
MiT-B2 (S4)	22.3	24.7	43.1
MiT-B2 (S1-4)	62.4	27.7	45.4
MiT-B3 (S1-4)	79.0	47.3	48.6

图 8-7-9　MLP 解码器在 CNN 和 Transformer 中的效果对比

8.7.5　医学成像中的 ViT

　　医学领域也是计算机视觉深入应用的一个领域，如医学图像分割、CT 分

156

割、疾病早筛等。

目前，CNN 在医学图像方面有诸多落地，但 Transformer 的应用还未成规模。下面将向读者介绍一个在医学领域应用的 Transformer，即 UNETR。

UNETR 在医学图像领域初步获得了令人满意的结果。该算法是将 ViT 应用在三维医学图像分割中。该算法的作者表明，一轮简单的训练就能改进几个三维分割任务的基线网络，可见其威力不小。

本质上，UNETR 是使用 Transformer 作为编码器来学习输入序列表示的。

UNETR 有以下非常显著的特点。

（1）UNETR 是为三维分割而量身定制的，可以直接利用体积数据。

（2）UNETR 使用 Transformer 作为分割网络的主要编码器，并且通过跳过连接将其直接连接到解码器，而不是将其作为分割网络中的注意层，也没有全连接或卷积之类的操作。

（3）UNETR 不依赖骨干 CNN 来生成输入序列，而是直接利用标记化的图像块。

图 8-7-10 所示为 UNETR 架构。UNETR 采用收缩—扩展模式，由多个 Transformer 组成，编码器通过跳过连接直接连接到解码器。

Transformer 工作在输入嵌入的一维序列上，这是 NLP 中常用的方法。同样，如图 8-7-11 所示，对三维输入体积分辨率(H, W, D)和输入通道 C，也是将其划分为平坦的均匀非重叠块，创建一个一维序列。其中(P, P, P)表示块大小，前两个 P 为图像的分辨率，第三个 P 为序列的长度（医学立体模型通常是由图像序列构成）；输入为$x \in R^{N \times (P^3 C)}$，$N = HWD / P^3$。由此可见，除维度外，UNETR 本质上与 ViT 没有任何区别。

本章花了不少篇幅来介绍 Transformer 的进展，但限于篇幅，以及深度学习领域的优秀算法日新月异，作者也不能做到尽善尽美。总之，本书作者以自己绵薄之力，为读者朋友后面的 AI 算法学习，总结前人经验，避免走过多弯路。

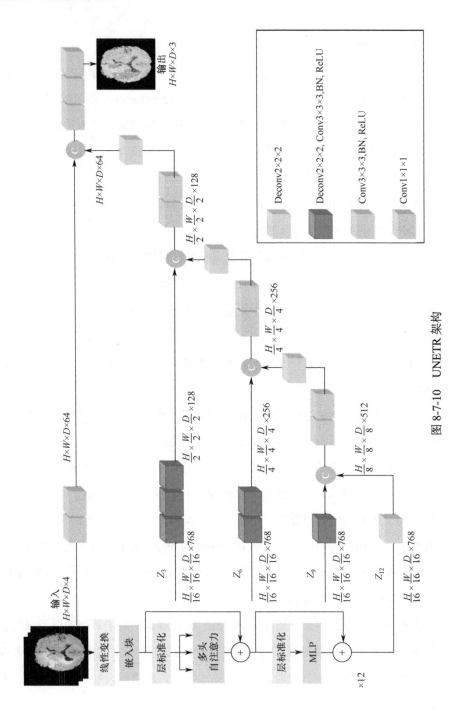

图 8-7-10 UNETR 架构

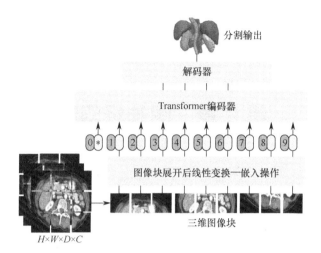

图 8-7-11　UNETR 三维块

最后想说，Transformer 还有很多潜力有待发掘。总结而言，在 ViT 基础上的改进 / 构建有多个方向。

- 寻找新的"自我关注"块（XCIT）。
- 从 NLP（PVT、SWIN）中寻找现有块和想法的新组合。
- 使 ViT 架构适应新的领域 / 任务（如 SegFormer、UNETR）。
- 基于 CNN 设计选择（MViT）形成架构。
- 研究放大和缩小 ViT 以获得最佳迁移学习性能。
- 为深度无监督 / 自监督学习（DINO）寻找合适的借口任务。

第 9 章　图神经网络

伴随着计算机技术的发展，深度学习也蓬勃发展起来，在计算机视觉、自然语言处理，以及深度强化学习方面大放异彩；另一方面，互联网时代的发展，以及图数据在各领域的快速发展，也无疑带来了更大的机遇。那么当图数据遇到神经网络时，会是什么样的场景呢？

本章将就时下的热门话题——图神经网络做简要介绍。一方面，图神经网络是比较新的领域，发展方向并未固定；另一方面，图算法本身就能自成一个领域，不是一个章节能详尽其奥妙的。因此，本章以简介为主，梳理近些年图神经网络发展的脉络，探讨并解释现代图神经网络，以便加深读者对图神经网络的了解，把握学习方向。

首先，让我们确定什么是"图"。"图"通常也称为"图形"或"图数据"，"图形数据"有别于"图像数据"。有些时候，图还被称为网络，如社交网络等。"图"用来表示实体（节点）集合之间的关系（边）。通常一个图由节点、边、全局表示三个元素构成，其中"节点"用 V 表示，"边"用 E 表示，"全局表示"用 U 表示。

不同的图元素对应不同的类型属性。节点属性与其所表示的具体场景有关，以及一些固有属性，如节点标识、邻居数等。边属性包含方向、唯一表示、权重等属性，以及一些与具体关系有关的属性。全局表示属性包含节点数量、最长路径等属性。图 9-0-1

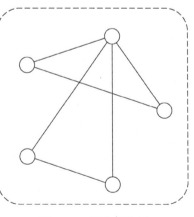

图 9-0-1　图数据实例

所示就是一个比较简单的图数据。

为了进一步描述节点、边或整个图，可以将信息存储在图的构成元素中，即把一些信息存储在节点、边及全局表示中。例如，标量或嵌入形式的信息可以存储在图的节点、边及全局表示中，如图 9-0-2 所示。

顶点（或节点）嵌入

边（或连接）的属性和嵌入

全局（或主节点）的嵌入

注：彩插页有对应彩色图像。

图 9-0-2　信息存储示意

根据边是否有方向，又可以将图分为有向图和无向图。如图 9-0-3 所示，无向图的节点直接关系没有特定指向，可以认为是双向的，因此信息可以在边的两点间互相流动；而有向图则不然，信息只能沿着方向传递。

无方向的边　　　　有方向的边

图 9-0-3　无向图和有向图

9.1　图数据

除了在学习数据结构的时候了解过图数据，我们身边也有许许多多图数据，如社交网络、交通网络、蛋白质分子等。图是一种非常强大和通用的数据表示，几乎可以表示任何数据。下面用图数据来表示图像和文本。虽然违反直觉，但可以通过将图像和文本视为图数据来了解更多关于图像和文本的对称性和结构的信息，并且建立一种有助于理解其他不太像网格的图数据的直觉。

9.1.1　图像作为图数据

通常将图像视为具有图像通道的矩形网格，将它们表示为数组（如 244×244×3 浮点数）。图像用图数据表示非常简单，即将图像的每个像素视为节点，通过边缘连接到相邻像素。每个非边界像素恰好有 8 个相邻像素，每个节点存储的信息是一个三维向量，表示该像素的 RGB 值。

下面用图的邻接矩阵对图连通性做可视化。在一幅简单的 5×5 笑脸图像中，共有 25 个像素，代表 25 个节点。用一个 25×25 的矩阵表示，行/列序号分别对应 25 个像素，如果是像素相邻，则让矩阵取值为 1，否则为 0。如图 9-1-1（b）所示，取值为 1 用颜色填充，其他为空白。注意，如图 9-1-1 所示的三种表示形式是同一图数据的不同视图。

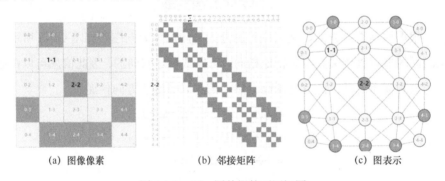

(a) 图像像素　　　　　　(b) 邻接矩阵　　　　　　(c) 图表示

图 9-1-1　同一图数据的不同视图

9.1.2　文本作为图数据

通过将索引与每个字符、单词或标记相关联，并且将文本表示为这些索引的序列来对文本进行数字化。这将创建一个简单的有向图，其中每个索引都是一个节点（索引与字符或单词一一对应），并且通过一条边连接到它后面的节点，这里的边是有方向的，因为句子中的单词是有顺序的。

简单的有向图如图 9-1-2 所示。

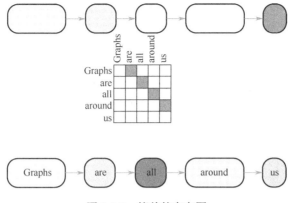

图 9-1-2　简单的有向图

当然，在实践中，图像和文本通常不是这样编码的。对于图像和文本，图数据表示是多余的，因为所有图像和文本都具有非常规则的结构。例如，图像在其邻接矩阵中具有带状结构，因为所有节点（像素）都连接在网格中；文本的邻接矩阵只是一条对角线，因为每个单词只连接到前一个单词，同时连接到下一个单词。

9.1.3　天然的图数据

前面的举例都不是必须用图表示的，如图像和自然语言。接下来介绍天然的图数据。

图是描述数据的一种有用工具，通常用来表示结构不均匀的数据。在以下示例中，每个节点的邻居数量是可变的（与图像和文本的固定邻居不同）。同时，这些数据除了用图表示，很难用任何其他方式表达。

1．分子作为图

分子是物质的组成部分，由三维空间中的原子和电子构成。所有粒子都在相互作用，当一对原子彼此保持稳定距离时，我们说它们共享一个"共价键"。不同对的原子和键具有不同的距离（如单键、双键）。将分子的三维对象用图表示是一种非常方便且常见的抽象，其中节点是原子，边是共价键。图 9-1-3和图 9-1-4 所示分别是香茅醛和咖啡因的分子表示及相关图表。

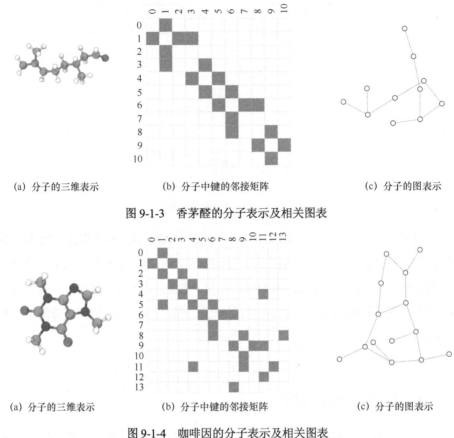

(a) 分子的三维表示　　　　(b) 分子中键的邻接矩阵　　　　(c) 分子的图表示

图 9-1-3　香茅醛的分子表示及相关图表

(a) 分子的三维表示　　　　(b) 分子中键的邻接矩阵　　　　(c) 分子的图表示

图 9-1-4　咖啡因的分子表示及相关图表

2. 引文网络作为图数据

科学家在发表论文时经常引用其他科学家的工作成果。我们可以将这些引文网络可视化为一个图，其中每篇论文都是一个节点，每条有向边是一篇论文与另一篇论文之间的引用关系。此外，还可以将关于每篇论文的信息添加到每个节点中，如摘要的词嵌入。

3. 其他例子

在计算机视觉中，有时需要标记视觉场景中的对象，在这种情况下，就可以通过将这些对象视为节点，将它们的关系视为边来构建图数据。在机器学习模型中，编程代码和数学方程式也可以表述为图，其中变量是节点，边是将这些变量作为输入和输出的操作。

在真实世界中，图的结构在不同类型的数据之间可能会有很大差异。例如，一些图有很多节点，但它们之间的连接很少，反之亦然。图数据集在节点数、边数和节点连通性方面可以有很大差异（在给定数据集内和数据集外）。

9.2　图上的预测任务

图上的预测任务一般分为图级、节点级和边缘级三种类型。

1. 图级任务

图级任务的目标是预测整个图的属性。例如，对于表示为图的分子，我们可能想要预测该分子的气味，或者它是否会和与疾病有关的受体结合。这类似 MNIST 和 CIFAR 的图像分类问题，我们希望将标签与整个图像进行关联。对于文本，一个类似的问题是情绪分析或意图识别，我们希望一次识别整个句子的情绪或意图。

2. 节点级任务

节点级任务是预测图中的节点属性，与预测图中每个节点的身份或角色有关，即与预测节点的标签或类别有关。与视觉任务的图像类比，节点级预测任务类似图像分割，都是试图标记图像中每个像素的作用。对于文本，类似的任务是预测句子中每个单词的词性（如名词、动词、副词等）。

3. 边缘级任务

边缘级预测任务，也称为边缘级推理，用于预测图中边的属性成节点之间存在边。一个例子是图像场景理解。除识别图像中的对象外，深度学习模型还可用于预测对象之间的关系。我们可以将其表述为边缘级分类，即给定表示图像中对象的节点，希望预测这些节点中的哪些节点共享一条边或该边的值是什么。如果希望发现实体之间的连接，还可以考虑完全连接的图，并且根据它们的预测值修剪边以得到稀疏图。

了解了图上预测任务的类型，接下来看看如何利用神经网络解决这些不同类型的图任务。首先要考虑如何表示图，以便与神经网络兼容。

机器学习模型通常采用矩形或网格状数组作为输入。因此，需要考虑如何以与深度学习兼容的格式来表示它们。图有多达四种类型的信息，包括节点、边、全局表示和连通性，需要分别考虑。

节点、边、全局表示相对简单。例如，有了节点就可以形成一个节点特征矩阵 N，通过为每个节点分配一个索引 i，将节点的特征存储在 N 中。虽然这些矩阵具有可变数量的行（节点特征对应行向量），但不需要任何特殊技术即可进行加工。

图的连通性表示则复杂得多。最容易想到的选择是使用邻接矩阵，因为邻接矩阵很容易张量化。然而，这种表示有以下问题。

（1）图中的节点数量可能达到数百万级，并且每个节点的边数可能变化很大。通常，这会导致邻接矩阵非常稀疏，空间效率很低。

（2）多个邻接矩阵可以编码相同的连通性，但不能保证这些不同的矩阵在深度神经网络中会产生相同的结果；也就是说，它们不是置换不变的。

例如，节点邻接矩阵中的节点索引互换，节点连通性不变，但邻接矩阵变得不一样了。

如图 9-2-1 所示，图 9-2-1（a）是舞台剧奥赛罗剧照；图 9-2-1（b）是人物关系图的邻接矩阵可视化，其中白色表示存在关系，黑色表示不存在关系；图 9-2-1（c）是该图数据的可视化展示。

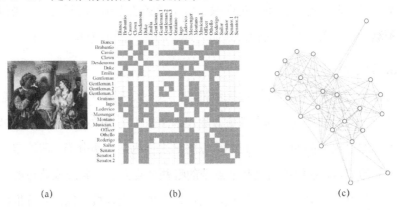

(a)　　　　　　　　　(b)　　　　　　　　　(c)

图 9-2-1　舞台剧奥赛罗中的图数据

在机器学习过程中，仅将图节点交换顺序不会影响图数据结构，因此称为学习置换。例如，图 9-2-1（b）可以用如图 9-2-2 所示的两个邻接矩阵等价地描述，也可以用节点的所有其他可能排列来描述。

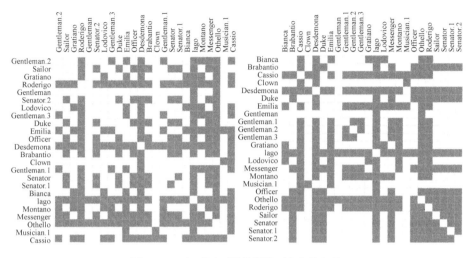

图 9-2-2　表示同一图数据的两个邻接矩阵

图 9-2-3 展示了由 4 个节点组成的图的所有邻接矩阵，它们都代表同一张图。对于仅有 4 个节点的图，已经有 24 个邻接矩阵了，那么对于像奥赛罗剧照这样的图，邻接矩阵的数量将是惊人的。

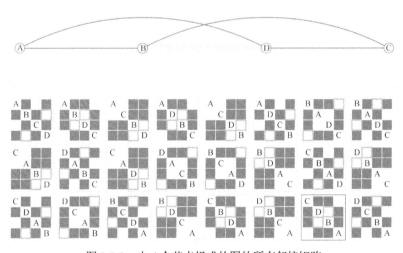

图 9-2-3　由 4 个节点组成的图的所有邻接矩阵

9.3 图神经网络构建应用

既然图的描述是置换不变的矩阵格式,那么我们将采用图神经网络(GNN)来解决图预测任务。GNN 是对图的所有属性(节点、边和全局表示)的可优化转换,它保留了图的对称性(排列不变性);接下来还使用了 Gilmer 等人提出的"消息传递神经网络"框架构建 GNN。

9.3.1 最简单的 GNN

首先从最简单的 GNN 架构开始,在其中学习所有图属性的新的嵌入,此刻还没有使用图的连通性。

该 GNN 在图的每个属性上都使用单独的多层感知器(MLP),称为 GNN 层。对每个节点向量,应用 MLP 并返回一个学习后的节点向量(节点嵌入);对每条边做同样的操作,学习每条边的嵌入;对全局表示向量,学习整个图的单个嵌入。

如图 9-3-1 所示,最左侧是 GNN 层的输入,每个属性由 MLP 更新以生成新的图嵌入。函数下标表示 GNN 模型第 n 层的不同图形属性的单独函数。

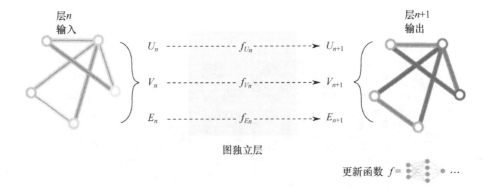

图 9-3-1 GNN 层

与神经网络模块或层一样，可以将这些 GNN 层堆叠在一起。因为 GNN 不会更新输入图的连通性，所以可以用与输入图相同的邻接表和相同数量的特征向量来描述 GNN 的输出图。因为 GNN 更新了每个节点、边和全局表示，所以输出图更新了嵌入，但图结构不变。

9.3.2　通过聚合信息进行 GNN 预测

构建了一个简单的 GNN 之后，如何对任务进行预测呢？

下面先分析二分类的情况，这个框架可以很容易地扩展到多类或回归的情况。如果任务是对节点进行二元预测，并且图已经包含节点信息，那么方法很简单，就是对每个节点嵌入，都应用一个线性分类器，如图 9-3-2 所示。

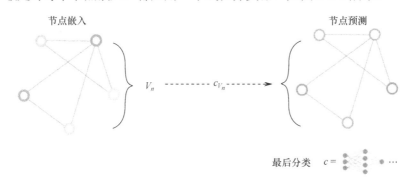

图 9-3-2　节点预测（已知节点信息）

然而，事情并不总是那么简单。例如，图中的信息可能存储在边中，而节点中并没有信息，但仍需要对节点进行预测。此刻就需要一种从边缘收集信息并将它们提供给节点进行预测的方法，可以通过池化来做到这一点，池化分两步进行：

（1）对于要合并的项，收集它们的每个嵌入并将它们拼接成一个矩阵。

（2）聚合收集的嵌入数据，通常通过求和操作实现聚合。

用字母 ρ 表示池化函数，并用 $\rho E_n \rightarrow V_n$ 表示正在收集从边缘到节点的信息。

因此，如果只有边缘级特征，要预测节点二分类任务，就可以使用池化将信息传递到它需要去的地方，如图 9-3-3 所示。

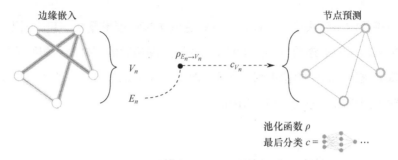

图 9-3-3　节点预测（已知边缘信息）

当只有节点级特征时，要预测图的边缘级二分类任务，过程如图 9-3-4 所示。

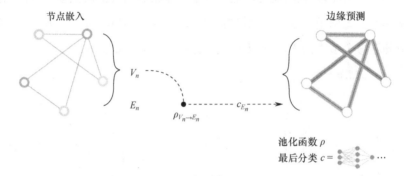

图 9-3-4　边缘预测（已知节点信息）

当已知节点级特征和边缘级特征时，全局属性预测如图 9-3-5 所示。

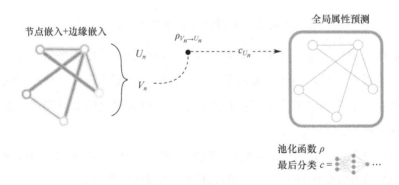

图 9-3-5　全局属性预测

在以上示例中，分类模型 C 可以很容易地用任何可微模型替换，或者使用广义线性模型处理多分类任务。

现在已经证明可以构建一个简单的 GNN 模型，并且通过在图的不同属性之间传递信息来进行二元预测。这种池化技术将作为构建更复杂的 GNN 模型的基石。如果有新的图属性，则只需要定义如何将信息从一个属性传递到另一个属性。

注意，在这个最简单的 GNN 中，没有在 GNN 层内使用图的连通性。每个节点、每条边，以及全局表示都是独立处理的，只有在汇集信息进行预测时使用了连通性。

9.3.3　在图的各属性之间传递消息

通过在 GNN 层中使用池化，可以做出复杂的预测，使得学习的各类嵌入能够捕捉到图的连通性。使用消息传递也可以做到这一点。

消息传递分为以下三个步骤进行。

（1）收集消息：对图中的每个节点，都聚集所有相邻节点的嵌入（或消息），通过聚集函数实现。

（2）聚合信息：通过聚合函数（如 sum）聚合所有消息。

（3）更新信息：所有聚合的消息都通过一个更新函数传递，更新函数通常是一个学习的神经网络。

消息传递的顺序还可以是（1）（3）（2），同时仍然具有置换不变性。

正如池化可以应用于节点或边缘一样，消息传递也可以发生在节点或边缘之间。这些步骤是利用图连通性的关键。在 GNN 层中构建更精细的消息传递变体，从而产生具有增强表现力和功能的 GNN 模型。

本质上，消息传递和卷积都是局部数据聚合以更新元素值的操作。在图中，元素是一个节点；而在图像中，元素是一个像素。但是，图中相邻节点的数量是可变的，这与图像中每个像素都有一定数量的相邻像素不同。

通过将消息传递 GNN 层堆叠在一起，一个节点最终可以整合来自整个图的信息。在三层之后，一个节点就拥有了离它三步之遥的节点的信息。这样就可以更新架构图以包含节点的新信息源，GNN 架构示意如图 9-3-6 所示。

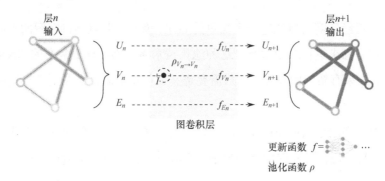

图 9-3-6　GNN 架构示意

9.3.4　学习边缘表示

图数据集并不总是包含所有类型的信息（节点、边缘和全局表示）。当需要对节点进行预测，而数据集中只有边缘信息时，9.3.2 节中演示了如何使用池化将信息从边缘路由到节点，但仅限于模型的最终预测步骤。同样，也可以使用消息传递在 GNN 层内的节点和边缘之间共享信息。

与节点一样，可以使用与之前使用相邻节点信息相同的方式合并来自相邻边的信息。首先将边缘信息合并，使用更新函数对其进行更新，然后存储新的边缘信息。

但是，存储在图中的节点信息和边缘信息不一定是相同的大小或形状，因此目前还不清楚如何组合它们。一种方法是学习从边空间到节点空间的线性映射，反之亦然；或者，可以在更新函数之前将它们连接在一起。

更新哪些图属性及更新它们的顺序是构建 GNN 时的一项设计决策，可以选择是在边缘嵌入之前更新节点嵌入，还是在边缘嵌入之后更新。这是一个具有多种解决方案的开放研究领域。

9.3.5　添加全局表示

到目前为止，前面描述的图神经网络都存在一个缺陷，就是即使我们多次应用消息传递，图中彼此相距很远的节点也可能永远无法有效地相互传递信息。对于一个节点，如果有 k 层，则信息将最多传播 k 步。当预测任务依赖相距很远的节点或节点组时，这可能是一个问题。下面提供两种解决方案。

（1）让所有节点都能够相互传递信息。不幸的是，对于大型图，这种方案的计算成本很快就会变得十分高昂（尽管这种称为"虚拟边"的方法已用于诸如分子之类的小型图）。

（2）使用图的全局表示，有时称为主节点或上下文向量。全局表示向量连接到网络中的所有其他节点和边，并且可以充当它们之间的桥梁以传递信息，从而为整个图建立表示。这创建了一个比其他方式的学习更丰富、更复杂的图表示，如图 9-3-7 所示。

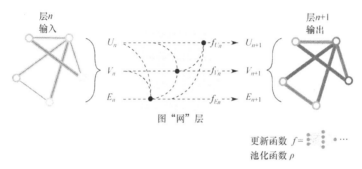

图 9-3-7 利用全局信息的 GNN 结构

如图 9-3-8 所示，所有图属性都学习了表示，因此可以在池化期间通过调节我们感兴趣的属性相对于其他属性的信息来利用它们。例如，对于一个节点，可以考虑来自相邻节点、相邻边和全局信息的信息。为了使新节点嵌入所有这些可能的信息源，可以简单地将它们连接起来。

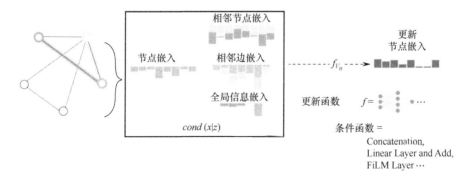

图 9-3-8 基于相邻节点、相邻边、全局信息调节节点信息

第10章 元学习

10.1 什么是元学习

在以往，机器学习、深度学习、统计学习等概念本质上都是大同小异，目的都是让机器根据数据学习数据特征，以便完成特定任务。无论是无监督学习，还是有监督学习，都在此列。那么元学习（Meta Learning）是什么呢？"元"指的是什么呢？通俗地说，元学习就是教机器学会如何从数据中学习。

那么如何教机器学会学习呢？例如，对于一个深度学习模型，不妨设一个用来做图像分类的深度卷积网络，用该模型做猫狗分类。首先将该模型设置一些超参，然后用数据训练，在训练过程中不断更新权重，反复选择比较 SOTA 的超参，这是一种"专才"方式。而元学习是通过多任务学习，来学习一种"通才"。例如，学习出不仅能应用于"猫狗分类"，也能用于"自行车与汽车""苹果与桃子"等不同任务的模型。或者说，元学习是根据任务就能学习出一个对应模型的学习方法。

那么为什么要研究元学习呢？深度学习已经很不错了，在很多领域都有很出色的应用。虽然深度学习的效果是肉眼可见的好，但是其模型训练往往需要大规模数据，而并不是所有任务都有现成的模型可以供迁移学习使用。现实中的数据服从幂律分布，如图 10-1-1 所示，这种分布具有长尾现象，即只有少数任务具有大量数据，而大多数任务只有少量数据可以使用。目前有很多领域还不能提供较大的数据集，如医学影像、机器人、定制化教育、小语种翻译等领域。对每一种疾病、每一个机器人、每一个小语种，其实就是每一个"任务"，我们无法做到从头开始学习。因为从头开始学习，对于深度学习来说需要大量数据才会有效果。尤其是自动驾驶领域，驾驶环境千奇百怪，不可能做到面面俱到，在各种环境都收集大量数据来进行训练，这是不切合实际的。这就是需要元学习的原因。

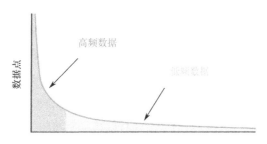

图 10-1-1　现实中数据的幂律分布（长尾现象）

10.2　机器学习与元学习

10.2.1　机器学习简介

在讲解元学习之前，先定义一下什么是"任务"。我们可以把"任务"理解为一个机器学习问题，给定数据集 D 和损失函数 L，然后得到模型 f 的过程就是一个任务。给定一个任务就需要用特定的机器学习来完成这个任务，如识别猫狗，识别自行车与汽车等。

机器学习通过以下三个步骤完成任务。

（1）建立模型。根据任务构建一个模型，用函数 f 表示，其中参数 θ 未知，表示被学习的部分。因此 f_θ 表示模型 f 具有参数 θ。

（2）定义损失函数（Loss Function）。损失函数通常用 L 表示，用于衡量 f_θ 的优劣程度，通常损失函数越小越好。

（3）优化目标函数，使得目标函数最小或取得局部极小值，从而得到参数 $\theta*$：

$$\theta* = \underset{\theta}{\arg\min}(L) \qquad （10\text{-}2\text{-}1）$$

通过机器学习，从数据中学习得到了模型 $f_{\theta*}$。那么，对于特定任务，只要输入数据，就能得到任务的结果了。

这里有两点需要注意：一，f 的输入数据是指一个个数据样本，如一幅图像、一条语音、一个句子等；二，学习的是给定模型的参数，模型 f 的结构和超参是人工定义或搜索得到的，如网格搜索、遗传算法等。

下面通过一个实例来说明机器学习的过程。对猫狗识别任务，输入一幅图像"猫咪"，希望得到输出为"猫"的标签或类别，如图 10-2-1 所示。

（1）构建一个函数 f，即一个模型。

在深度学习中，f 通常是用一个神经网络来实现的，如 VGG16、ResNet-51 等，如图 10-2-2 所示。此时机器学习的目标是学习在给定模型 f_θ 的条件下，得到一组它的参数（权重和偏置），使得损失函数最小或损失函数处于局部极小值。

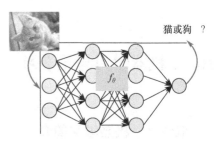

图 10-2-1　机器学习实例　　　　图 10-2-2　神经网络模型

（2）定义损失函数。

损失函数用来描述真实标签与预测标签之间的误差。损失函数有多种，如交叉熵损失、均方误差损失、合页损失等。给定批次 K，损失函数可表示为

$$L(\theta) = \sum_{k=1}^{K} e_k \qquad (10\text{-}2\text{-}2)$$

式中，e_k 为批次 K 中每个样本的损失。

损失函数的计算过程如图 10-2-3 所示，图中输入两个训练样本，分别预测它们的类别，然后与真实类别比较，使用交叉熵损失函数计算误差。

（3）通过梯度递减反向传播，更新权重和偏置：

$$\theta^* = \theta - \alpha \nabla_\theta \qquad (10\text{-}2\text{-}3)$$

式中，α 表示学习率；∇ 表示一种参数的优化梯度，优化方法有很多，如梯度下降、SGD、RMSprop、Adam 等。

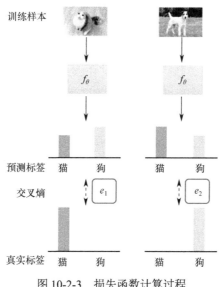

图 10-2-3　损失函数计算过程

10.2.2　元学习简介

因为元学习是要学习一个"通才"，所以它是一个多任务学习。读者朋友可能会有这样的疑问，既然要学习"通才"，那么每个任务，挨个学习，都训练一个 SOTA 的模型，这样不就可以了。

这种做法也是一种方式，但是缺点非常明显。一，不是所有任务都有足够的数据来学习；二，即使每个任务都有非常多的数据，每个任务训练 SOTA 的时间成本也非常高昂。因此，元学习在每个任务上只训练很少的次数，通常是训练一次。于是也不需要每个任务有许多数据，每个任务通常为 N-few-K-shot。其中 N 表示共有 N 个类别，K 表示每个类别有 K 个样本。通常元学习是使用多任务的 N-few-K-shot，但 N-few-K-shot 并不是元学习。二者有些区别。

那么元学习如何实现呢？从前面机器学习的过程来看，这个"学习过程"本身也可以看作一个函数 F。元学习就是要通过从数据中学习得到一个机器学习的"学习过程"（F）。这是一套算法，不是具体模型，后文统一称为"学习的方法"。元学习的输入数据是一个个任务，输出是机器学习的模型 f。如何找到这样一个"学习的方法"F 呢？

与机器学习过程类似，元学习也分为三个步骤。

（1）建立模型。构建一个模型，记作 F（这个模型是一个机器学习过程，是一个"学习的方法"），要被学习的部分作为超参数，如深度学习中的模型深度、宽度、学习率、优化方法、迭代轮次、初始化参数等。这些数据在机器学习中通常由人工定义，记作参数 ϕ。对于不同的元学习，要学习的是不同的 ϕ，因此把元学习模型用 F_ϕ 表示，表示具有要学习的参数 ϕ 的元学习模型。而对给定任务，测试资料测试优化好的模型记作 $f*$，上标*表示优化结果。元学习建模过程示意如图 10-2-4 所示。

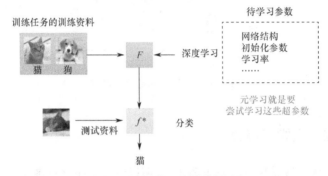

图 10-2-4　元学习建模过程示意

（2）定义损失函数，通常用 $L(\phi)$ 表示。对于元学习的损失函数，它表示的是 F_ϕ 的优劣程度。通常，$L(\phi)$ 越小，"学习的方法" F_ϕ 越好。但是对元学习，其输入数据为一个个任务，不同于机器学习的样本点。下面通过流程来说明损失函数的定义。

- 输入数据。假设要训练二元分类任务通用模型，训练任务和测试任务（相当于训练集和测试集）都是一堆二元分类任务，如识别苹果与橙子等。每个任务的数据又分为"训练样本"和"测试样本"，也称为"训练资料"和"测试资料"。

- 将训练任务 i 中的训练资料输入 F，会学习到一个 f_i 和对应的参数 θ^i（与要学习的 ϕ 有所不同），再将任务 i 中测试资料的 K 个样本输入 f_i，得到该样本的预测分类；然后用该样本的预测分类与真实分类标签的计算误差作为该样本的分类损失，记作 l^i，即

$$l^i = \sum_{k=1}^{K} e_k \qquad (10\text{-}2\text{-}4)$$

式中，e_k 为第 k 个样本的损失。

- 将训练任务中每个任务的损失函数汇总起来，就得到元学习的损失函数：

$$L(\phi) = \sum_{i=1}^{N} l^i \qquad (10\text{-}2\text{-}5)$$

损失函数定义过程如图 10-2-5 所示，分上下两部分。

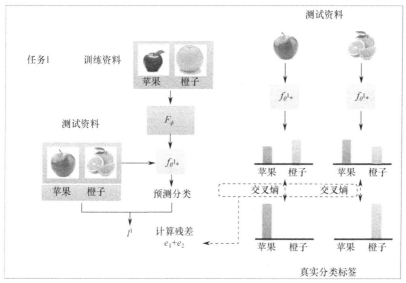

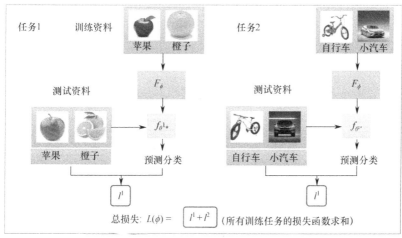

图 10-2-5　损失函数定义过程

上半部分左侧为训练的整个过程，即输入一个区分苹果与橙子的分类训练任务，记作任务 1。将训练任务中的训练资料输入 F 得到 f，利用训练任务中的 K

个测试资料在 f 中计算 e_k，然后对 e_k 求和得到损失函数 l^1。这里 e_k 计算的是交叉熵损失。上半部分右侧是 e_k 计算演示的展开。下半部分是以两个训练任务的演示为例整体说明损失函数定义过程。从图中可以看出，训练任务中的损失函数计算是通过测试资料（训练任务的测试资料）完成的。

（3）将损失函数作为优化目标函数。在机器学习中，常用的优化方法，如梯度下降法、SGD、RMSprop 等，都要求损失函数是可微的；而元学习中的损失函数并不一定是可微函数，甚至其表达式都不便于计算，因为元学习的参数涉及网络架构的一系列超参，如网络层数、卷积核大小等。此时，就需要通过强化学习或进化算法计算、优化损失函数，最终得到使损失函数局部极小的参数 $\phi*$：

$$\phi* = \underset{\phi}{\arg\min}(L(\phi)) = \underset{\phi}{\arg\min}\left(\sum_{i=1}^{N} l^i\right)$$　（10-2-6）

进而得到优化的"学习的方法" $F*$，这个"学习的方法"是通过学习得到的。

通过上面的对比，我们了解了元学习的整个过程。下面将整个过程串联起来，看一看元学习的整体架构。

元学习整体架构如图 10-2-6 所示，通过收集一系列的资料，构成一系列的训练任务和测试任务。

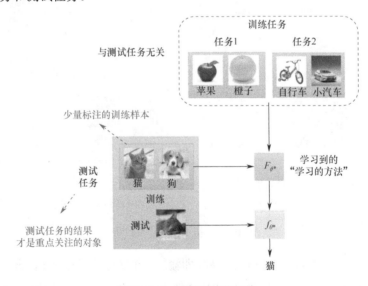

图 10-2-6　元学习整体架构

训练任务学习得到一个机器学习的"学习的方法"$F*$，通过这个"学习的方法"，测试任务中的训练资料使用学习到的"学习的方法"$F*$学习出一个 $f*$，然后再将测试任务的测试资料输入 $f*$，就得到最终的测试结果。最后与真实标签对比，计算评估指标。

10.2.3　机器学习与元学习

1. 目标比较

机器学习的目标是学习一个可以直接用来解决特定任务的模型 f，或分类或回归。这个读者朋友都比较熟悉，此处不再赘述。

元学习的目标是学习出一种"学习的方法"F，使用这种"学习的方法"，对于任何任务都能轻易找出一个机器学习模型 f。

用以下比喻能形象说明二者的区别和联系：机器学习好比在高中学习数学的具体知识点，而元学习类似学习"如何学好高中每门课"。

2. 数据比较

机器学习的数据特点如下。

（1）数据是由同一任务下的不同样本组成的。

（2）数据分为训练集和测试集，训练集和测试集是同一任务下的样本。例如，训练集是猫狗分类，测试集样本也是猫狗分类数据。

元学习的数据特点如下。

（1）数据是由许多不同任务构成的，分为训练任务和测试任务。

（2）每个任务下的数据分为训练样本和测试样本，也称为训练资料和测试资料。另外，也有些文献称为"Support Set"和"Query Set"。

（3）每个任务中的数据数量都不是很多，但任务数量不少。

3. 学习过程比较

机器学习的学习过程比较简单，就是训练样本输入给定的模型，通过计算损失函数，再通过反向传播，迭代参数，当到达一定评估标准后停止学习；最后把测试样本输入模型，开始测试模型。测试过程则不需要学习。机器学习的学习过程有以下特点：

（1）在给定的任务内学习，因此称为"任务内训练"（Within Task Training）学习。

（2）测试样本与训练样本是同任务内的数据，是"任务内测试"（Within Task Testing）。

（3）测试过程不需要训练，直接推理即可。

元学习的学习过程与机器学习有些差异。元学习的训练数据由一系列的训练任务组成，测试数据也是由一系列任务组成，这些任务并不相同。元学习是先将训练任务中的输入学习得到 F，然后用训练任务中的测试资料训练出 f，计算损失函数后更新 F。测试过程是测试任务中的训练资料经过 F 训练得到 f，然后测试任务中的测试资料输入 f，测试模型效果。元学习的学习过程有以下特点：

（1）学习是在不同任务间进行的，因此称为"交叉任务训练"。

（2）测试过程也需要训练。测试过程是将测试任务中的训练资料输入 F 训练出 f，然后测试任务中的测试资料输入，得到测试结果。元学习的测试阶段不是测试某个具体模型的好坏，而是测试这种学习模型方法的好坏。

（3）"交叉任务"学习过程包含了"任务内"学习过程，这是因为无论是训练阶段，还是测试阶段，每个训练任务中都有训练资料和测试资料。

4. 损失函数比较

在机器学习中，损失函数是每个样本预测误差的总和或均值；在元学习中，损失函数是每个任务的损失函数之和，而每个任务的损失函数是机器学习的损失函数的计算过程。

以上从各方面比较了机器学习与元学习。我们掌握的机器学习理论和问题通常适用于元学习，如过拟合问题、任务扩充，以及扩大训练任务以提高学习效果等。

10.3　模型无关的元学习：MAML

10.3.1　MAML 简介

Model-Agnostic Meta-Learning 简称"MAML"，可以用其来学习一组非常不错的初始化参数。因为其简称与哺乳动物"Mammals"发音很像，所以也被戏称为"哺乳动物"。这个模型全称的含义是"模型不可知元学习"或"模型无关元学习"。本书更倾向于"模型无关元学习"，因为 MAML 是学习初始化参数，而与模型结构无关。这个方法还有一种变形，称为"Reptile"，意思是爬行动物，不知道是不是一种调侃。

MAML 是有大量超参数需要调整的，因此并不十分容易上手。于是有一篇论文 *How to train your Dragon MAML*（"梗"来自《驯龙高手》的英文 *How to train your Dragon*），讲述了如何训练 MAML。此外，还有不少 MAML 的改进版，如 MAML++等。

10.3.2　MAML 特点

MAML 是学习初始化参数的一种元学习方法，其本质是一种预训练方法。事实上，除了元学习，还有很多预训练方法存在，如自监督学习等。那么 MAML 与自监督学习有什么不同呢？下面以图像举例说明。

自监督学习通常使用无标注的样本。例如，图像的自监督学习可以通过剪切、遮盖，由整体预测部分，并且预测图像块顺序。

MAML 通常使用标注好的数据集。例如，选用 Few-shot 图像分类任务，就选取标注好分类的图像。如图 10-3-1 所示，不同任务只不过是不同风格的图像分类，而每个任务又都是猫狗分类。在 MAML 中，任务间样本是非常明确的，任务内样本标签也是非常明确的。

图 10-3-1　MAML 训练数据

而自监督学习没有训练任务的说法，所有样本都混合在一起。同样是猫狗分类，自监督学习会把不同风格的图像都混合在一起，如图 10-3-2 所示。

图 10-3-2　自监督训练任务

10.3.3　MAML 为什么能够起作用

MAML 为什么能够起作用呢？这里有两个假设：一是 MAML 能够学习到一组比较"厉害"的参数，这组参数能够让梯度递减等优化方法为每个任务快速找到局部最优的效果参数；二是 MAML 能够学习到距离每个任务局部最优点都很近的一组参数，这样在每个任务上就很容易学习到比较不错的效果。

两种假设的对比如图 10-3-3 所示。第一种假设称为"快速学习"（Rapid Learning），第二种假设称为"特征重用"（Feature Reuse）。从两者的叫法中可以看出，第一种假设强调的是能快速学习到每个任务的特点，第二种假设强调的是重用了一些共同特征。

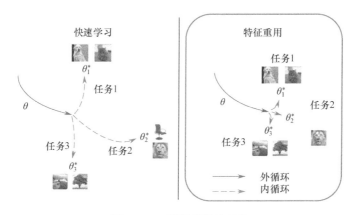

图 10-3-3　两种假设的对比

这两种假设出自论文 *Rapid Learning or Feature Reuse*，为了验证假设，论文作者做了如下试验。

- 快速学习：用 MAML 学习一个"元初始化参数"，然后在不同的新任务上，用小样本微调。
- 特征重用：以"元初始化参数"为主，只做一点微调。

在论文中，最后验证肯定了第二种假设，即是因为学习到距离每个任务局部最优解都比较近的点。

MAML 的另一种变形称为"ANIL"，即几乎没有内循环（Almost No Inner Loop）。

在 ANIL 中，训练和测试时的"内循环"（Inner Loop）只更新网络头部的权重，且只有最后一层获得更新。而在 Omniglot 和 Mini-ImageNet 上的实验表明，虽然只更新最后一层参数，但其效果与 MAML 相当。

参 考 文 献

[1] JEREMY J. An overview of semantic image segmentation[EB/OL].

[2] NADARAYA E A. On estimating regression[J]. Theory of Probability & Its Applications, 1964, 9(1): 141-142.

[3] WATSON G S. Smooth regression analysis[J]. Sankhyā: The Indian Journal of Statistics, 1964: 359-372.

[4] ASHISH V, et al. Attention is all you need[EB/OL].

[5] ALEXEY D, et al. An Image Is Worth 16*16 Words: Transformers For Image Recognition at scale[EB/OL].

[6] HOUVRON H, et al. Training data-efficient image transformers & distillation through attention[EB/OL].

[7] WANG W, et al. Pyramid Vision Transformer: A Versatile Backbone for Dense Prediction without Convolutions[EB/OL].

[8] HAIPING W, et al. CvT: Introducing Convolutions to Vision Transformers[EB/OL].

[9] MARTINA J. Emerging Properties in Self-Supervised Vision Transformers[EB/OL].

[10] ZHAI X H, et al. Scaling Vision Transformers[EB/OL].

[11] DONG Y H, CORDONNIER J B, LOUKAS A. Attention is not all you need[EB/OL].

[12] Anonymous authors. Patches are all you need[EB/OL].

[13] FAN H Q, et al. Multiscale Vision Transformers[EB/OL].

[14] ANIRUDDH R, et al. Rapid Learning or Feature Reuse[EB/OL].

反侵权盗版声明

电子工业出版社依法对本作品享有专有出版权。任何未经权利人书面许可，复制、销售或通过信息网络传播本作品的行为；歪曲、篡改、剽窃本作品的行为，均违反《中华人民共和国著作权法》，其行为人应承担相应的民事责任和行政责任，构成犯罪的，将被依法追究刑事责任。

为了维护市场秩序，保护权利人的合法权益，我社将依法查处和打击侵权盗版的单位和个人。欢迎社会各界人士积极举报侵权盗版行为，本社将奖励举报有功人员，并保证举报人的信息不被泄露。

举报电话：（010）88254396；（010）88258888

传　　真：（010）88254397

E-mail：　dbqq@phei.com.cn

通信地址：北京市万寿路 173 信箱

　　　　　电子工业出版社总编办公室

邮　　编：100036

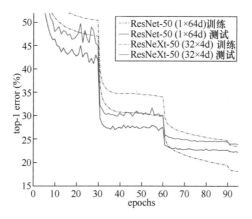

图 2-2-6　ResNet-50（1×64d）和 ResNeXt-50（32×4d）效果对比

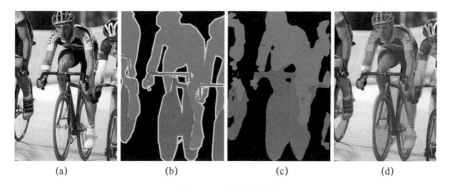

(a)　　　　　　(b)　　　　　　(c)　　　　　　(d)

图 2-3-1　语义分割

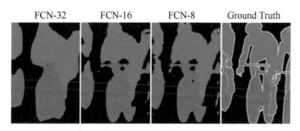

FCN-32　　　FCN-16　　　FCN-8　　　Ground Truth

图 2-3-8　采用不同上采样时的融合效果对比

1

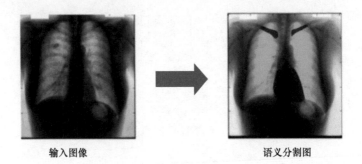

输入图像　　　　　　　　　　语义分割图

图 2-4-3　医学诊断应用

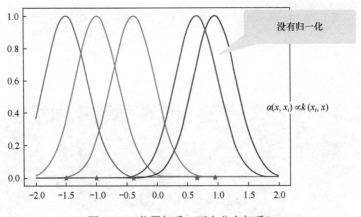

图 3-1-4　位置权重（正态分布权重）

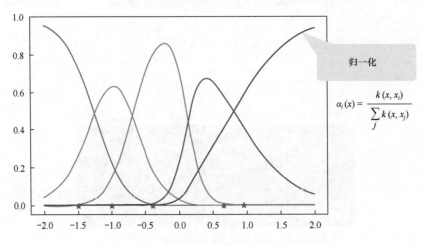

图 3-1-5　归一化后的位置权重（正态分布权重）

2

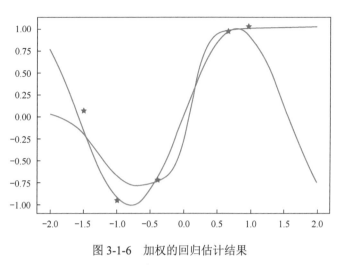

图 3-1-6　加权的回归估计结果

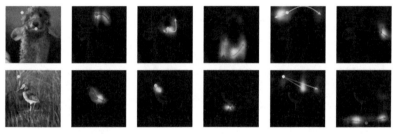

图 3-3-5　SAGAN 自注意力机制可视化

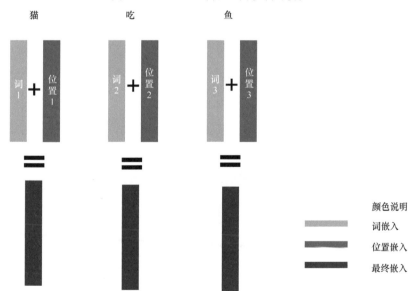

图 3-8-4　位置信息融入词嵌入

```
plt.figure(figsize=(15, 5))
pe = PositionalEncoding(20, 0)
y = pe.forward(Variable(torch.zeros(1, 100, 20)))
plt.plot(np.arange(100), y[0, :, 4:8].data.numpy())
plt.legend(["dim %d"%p for p in [4,5,6,7]])
None
```

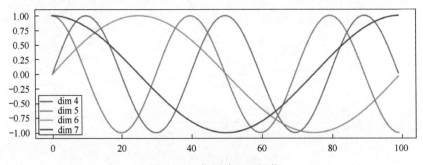

图 3-8-5　位置编码可视化

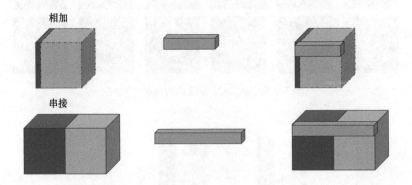

图 6-1-1　相加和串接融合方法

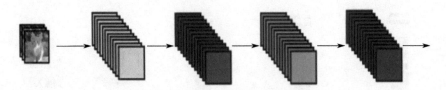

图 6-2-1　普通卷积网络

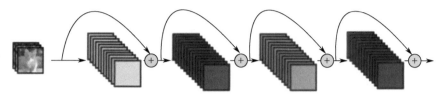

⊕ ： 元素角度相加融合

图 6-2-2　ResNet

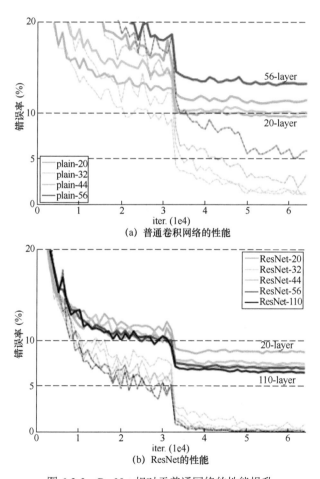

（a）普通卷积网络的性能

（b）ResNet的性能

图 6-2-3　ResNet 相对于普通网络的性能提升

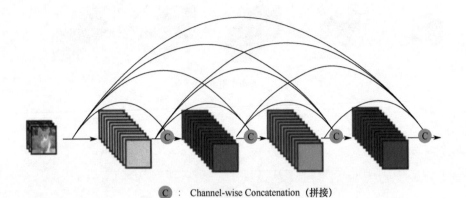

C : Channel-wise Concatenation（拼接）

图 6-2-4　DenseNet 网络

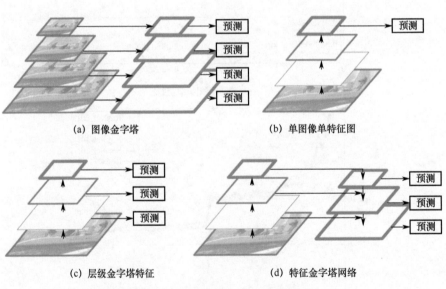

(a) 图像金字塔

(b) 单图像单特征图

(c) 层级金字塔特征

(d) 特征金字塔网络

图 6-3-1　四种典型金字塔型检测方法

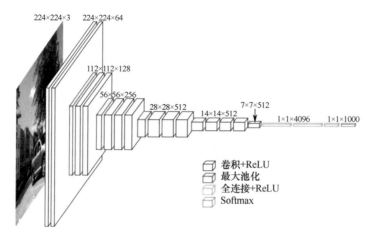

图 6-5-1　VGG16 网络结构

图 8-5-2　DINO 头部注意力可视化

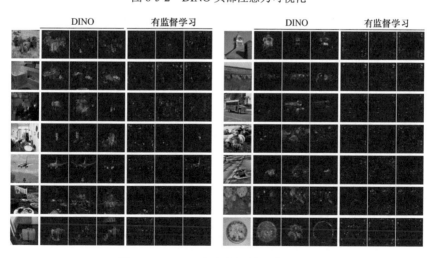

图 8-5-3　DINO 与有监督学习效果对比

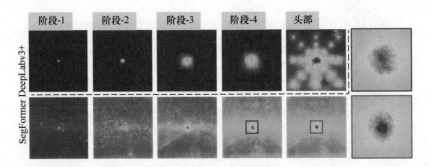

图 8-7-8 有效感受野比较

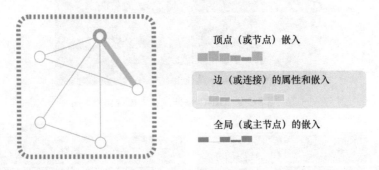

图 9-0-2 信息存储示意